Der neue Kult
VW Beetle

THIS IS A CARLTON BOOK

NEFF ist ein Imprint der
VPM Verlagsunion Pabel Moewig KG, Rastatt

Originaltitel: The New VW Beetle
Aus dem Englischen von Wolfgang Beuchelt
Produktion der deutschsprachigen Ausgabe:
Thomas Heider, Bergisch Gladbach

Printed & Bound in Dubai 1999

ISBN 3-8118-5406-2

DANKSAGUNG

Ohne die Hilfe von Volkswagen in Deutschland, in Amerika und in Großbritannien wäre dieses Buch nicht möglich gewesen. Besonderer Dank gilt Tony Fouladpour von *VW of America* Public Relations, der bei den Themen Concept 1 und Concept Cabriolet wertvolle Hilfe geleistet hat, Rüdiger Folten vom Ressort Design und Strategie der *Volkswagen AG* Deutschland, der mir einen phantastischen Einblick in das Design des New Beetle gab, und Alison Kempster und Paul Bucket von der Pressestelle von *Volkswagen UK* für ihre Bemühungen. Dank gilt auch Dean Kirsten, Technik-Redakteur von *Dune Buggies and Hot VWs Magazine*, Mike Pye, der mir seinen Apple Mac zur Verfügung stellte, Nigel Fryatt, Verleger von *VolksWorld*, der mir ermöglichte, dieses Buch zu schreiben, Keith Seume, früherer Herausgeber von *VolksWorld,* für seine jahrelange Hilfe und David West in London, der mir seinen New Beetle für eine mehrtägige Testfahrt zur Verfügung stellte, bei der ich fast 2000 Kilometer zurücklegte.

BILDNACHWEIS

Der Verlag dankt folgenden Personen und Institutionen für die freundliche Bereitstellung von Bildmaterial:

Blue Nelson 40, 41, 42; Bo Bertilsson 61, 62, 65; BR-Foto/M. Berrang 66; *Car Magazine/*Richard Newton 6 o., 10, 57, 84, 87, 88, 89, 90/Glenn Paulina 6 u., 8, 9, 37 u., 47, 52, 54, 85, 88, 92, 95; Mike Key 63, 85, 88, 92; Dean Kirsten 20, 21, 24, 35 u., 36, 37 o.; Jim Maxwell 60, 64, 67; National Motor Museum, Beaulieu 7, 14, 16, 18; Terry Shuler/VW Historian 43, 44, 45, 46; Volkswagen Archiv 12, 13, 15, 17, 19, 20 u., 22, 23, 26–34, 35 o., 38, 39, 86, 91, 93, 94; VW America 4, 48–51, 53, 55, 56, 58; VW Design, Deutschland 3; VW Kommunikation Motorpresse 69–83.

Autor und Verlag haben alle Anstrengungen unternommen, die Inhaber der Bildrechte ausfindig zu machen. Sollte ihnen dennoch ein Fehler unterlaufen sein, bitten wir die Rechteinhaber, sich bei Carlton Books, London, zu melden.

Der neue Kult
VW Beetle

Ivan McCutcheon

NEFF

Inhalt

Der New Beetle ist lebendige Geschichte.

Einleitung

Der weltberühmte VW-Käfer wurde in den 1930er Jahren von Ferdinand Porsche entwickelt. Nach dem Zweiten Weltkrieg erhob er sich unter widrigen Umständen wie Phönix aus der Asche. Nachdem er die ersten mageren Produktionsjahre überwunden hatte, wurde er zu einem der größten Erfolge in der Automobilgeschichte.

Dieser Erfolg beruht vor allem auf drei Faktoren – weltweit gute Verkaufszahlen, hervorragender Kundendienst und die gekonnte Werbekampagne Doyle Dayne Bernbachs in den USA. Die Werbung war ehrlich und nie überzogen. Die Tugenden von Fertigungsqualität, Haltbarkeit, Verläßlichkeit, Wirtschaftlichkeit und hervorragender Kundenbetreuung wurden in einfachen Worten beschrieben, und das Fahrzeug verkaufte sich hervorragend.

Das Armaturenbett ziert eine Blumenvase.

Schon bald war der VW nicht mehr das »seltsamste Auto« im Viertel – er fügte sich in das Bild der vielen anderen Käfer ein. Mit einer Produktionszahl von über 22 000 000 Einheiten nimmt es nicht wunder, daß der Käfer das am leichtesten zu erkennende Automobil der Welt ist.

Die meisten von uns sind schon einmal mit dem Käfer in Kontakt gekommen, sei es als Eigentümer oder Beifahrer – oder als jemand, der in einem Käfer zur Welt gekommen ist! In fast jedem Land kursieren unzählige »Käfer-Legenden«.

Der ursprüngliche Käfer meisterte wirklich alle Wetterverhältnisse.

Der VW Käfer ist eines der wenigen klassischen Fahrzeuge, die auch heute noch täglich im Straßenbild zu sehen sind. Er besitzt unter den Klassikern die größte Fangemeinde. Darüber hinaus existieren für ihn so viele Ersatzteile und Wartungsmöglichkeiten wie für kein anderes Auto. Im Jahre 1966 beschäftigten Volkswagen und seine Distributoren und Händler beispielsweise allein in den USA über 29 000 Angestellte. Hinzu kommt gut noch einmal die gleiche Anzahl an Mitarbeitern inoffizieller Dienstleistungsbetriebe, die ihren Unterhalt mit dem Vertrieb von Ersatzeilen und mit der Wartung verdienten.

Auf der Straße ist der New Beetle ein Blickfang.

Mit derart phantastischen Referenzen nimmt es kaum wunder, daß sich Öffentlichkeit und Presse angesichts des Konzeptmodells für die 1994er Detroit Motor Show überschlugen. Der New Beetle hat dem Unternehmen zu einer besseren Presse verholfen, als dies je einem anderen Modell hätte gelingen können. Seit dem 5. Januar 1998 war der New Beetle auf mehr Titelblättern und in mehr Fernsehsendungen zu sehen als jeder Neuwagen vor ihm. Dies hat einen Ansturm bei den Händlern ausgelöst und muß wohl für die Konkurrenz recht beunruhigend sein!

Es bleibt abzuwarten, ob das öffentliche Interesse weiter anhält, schließlich ist der Verkauf noch nicht auf allen Märkten angelaufen. Und man weiß noch nicht, ob dieses schicke Auto nur für eine kurze Zeit »in« sein wird oder ob es sich wie sein älterer Bruder über viele Jahrzehnte verkauft. Es wurde seinerzeit behauptet, die Käfer-Begeisterung sei abgeebbt, weil so viele Autos verkauft wurden und somit die Exklusivität verlorenging – aber auch das hat die Verkäufe nicht reduziert.

Wir werden im folgenden die Entwicklung des Beetle vom Concept 1 in Detroit bis hin zum Start des New Beetle betrachten. Außerdem besuchen wir die Fabrik, in der er hergestellt wird, und untersuchen, warum der Wagen ein solcher Erfolg für Volkswagen ist. Wir werden in Zukunft ohne Zweifel noch viel von diesem großartig kleinen Auto hören.

Ich habe mich selbst niemals als ein Wahrsager gesehen, aber ich glaube, daß dieser phantastische Wagen ein Traum für jeden ist! Wenn Sie bereits zu den glücklichen Besitzern eines New Beetle zählen, wünsche ich Ihnen, daß Sie jeden Moment mit ihm genießen. Sie fahren schließlich nicht nur eines der meistbesprochenen Autos des Jahrzehnts, sondern auch ein Stück lebendiger Automobilgeschichte!

VW hat erneut ein einzigartiges Auto aus der Taufe gehoben!

GOODYEAR

1

Der Prototyp VW 30 von vorne und von hinten.

Tradition

Die Geschichte des Käfer ist schon in vielen Publikationen umfassend behandelt worden, aber es gibt mit Sicherheit eine große Zahl begeisterter neuer Besitzer, deren Interesse an der Geschichte und der Tradition dieses Fahrzeugs erst durch den New Beetle geweckt wurde. Auch wenn dieses Buch sich hauptsächlich mit dem New Beetle befaßt, so wollen wir uns doch auch der Geschichte des Käfers nähern.

Entwickelt wurde der Käfer von Dr. Ferdinand Porsche. Der erste Prototyp, der zumindest entfernt an den Käfer erinnert, war der 1933 für NSU gebaute Porsche Typ 32. Er besaß eine sehr ähnliche Form, einen luftgekühlten Vierzylinder-Boxermotor (horizontal gegenüberliegende Zylinder) im Heck mit 1470 ccm Hubraum und Kraftübertragung mittels Pendelachsen. Er verfügte auch schon über die von Porsche entwickelten vorderen und hinteren Radaufhängungen mit Drehfederstäben, die später im Käfer Verwendung finden sollten. Dieser Prototyp ist niemals in die Produktion gegangen, erwies sich aber als wertvolle Übung für die Zukunft.

Anfang 1933 traf Ferdinand Porsche mit dem neuen deutschen Reichskanzler, Adolf Hitler, zusammen, um über den Rennwagen der Auto-Union zu sprechen, an dem er zu dieser Zeit arbeitete. Es gelang ihm, die Regierung zur Finanzierung des Fahrzeugs zu bewegen.

Als Hitler beschloß, alle Deutschen »mobil zu machen« und nicht nur die wenigen, die sich den Luxus eines Automobils leisten konnten, brauchte er jemanden, der das geeignete Auto konstruieren würde. Er dachte dabei an Dr. Porsche, der sich ironischerweise ebenfalls schon Gedanken über ein Auto für das Volk gemacht und versucht hatte, ein solches Fahrzeug zu produzieren.

Der Prototyp VW 38 von 1938 entsprach praktisch dem Serienmodell.

Porsche sollte seine Ideen niederschreiben und zur Beurteilung vorlegen. Die wichtigsten Empfehlungen dieses Papiers aus dem Januar 1934 liefen darauf hinaus, daß der Wagen einen sehr hohen Qualitätsstandard, aber gleichzeitig auch einen sehr niedrigen Preis aufweisen sollte. Er sollte nicht zu schwach motorisiert sein, ein geschlossener Viersitzer mit bestmöglicher Handhabbarkeit und Federung sein, eine Reisegeschwindigkeit von 100 km/h besitzen und Steigungen von rund 30 % bewältigen können. Porsche bestand außerdem auf Wartungsfreundlichkeit und Wirtschaftlichkeit.

Im Mai 1934 wurde Porsche zu einem Treffen mit Hitler nach Berlin bestellt. Bei diesem Gespräch stellte er fest, daß Hitler seine Ideen unterstützte. Er wollte, daß Porsche einen »Volkswagen« nach seinen Vorschlägen baute – und das zum Preis eines Motorrads!

Obwohl ihm diese Vorgaben unrealistisch erschienen, entwickelte Porsche daraufhin Entwürfe für einen Prototyp. Dieser wurde unter der Bezeichnung »Porsche Typ 60« bekannt und Hitler zur Ge-

Der Käfer von 1950 demonstriert die geringen Abweichungen vom VW 38. Die vorderen Blinker wurden später angefügt.

nehmigung vorgestellt. Der Entwurf wurde gebilligt und dem Reichsverband der deutschen Automobilindustrie (RDA) übergeben. Im Juni 1934 erhielt Porsche den Auftrag, den Volkswagen zu bauen.

Er bekam die Mittel, um drei funktionstüchtige Prototypen nach dem Entwurf des Typ 60 zu konstruieren, aber nach heutigen Standards war diese Summe ein Witz. Porsche aber nahm den Auftrag und die Mittel an. Die drei Prototypen erhielten die Typenbezeichnungen V(Versuch)1 und V2.

Im Oktober 1935 wurden die Prototypen gebaut und waren, wenn auch etwas später als geplant, bereit für Testfahrten. Bei diesen harten täglichen Tests traten zwar nach 600–700 Kilometern ein paar mechanische Probleme auf, aber der Wagen erwies sich insgesamt als tauglich.

Daraufhin übergab Hitler die Kontrolle über das Volkswagenprojekt an die DAF, die Deutsche Arbeitsfront. Er belastete jeden deutschen Arbeiter mit zusätzlichen 1,5% Steuern und richtete einen Fonds für das Projekt ein, den er »Gesellschaft zur Vorbereitung des deutschen Volkswagens«

(Gesuvor) nannte. Auch wenn diese Finanzierungsmethode etwas zweifelhaft war, so stellte sie doch Mittel zur Entwicklung weiterer Prototypen zur Verfügung, die Anfang 1937 unter der Bezeichnung VW 30 vorgestellt wurden. Diese Prototypen wurden bei Daimler-Benz gefertigt und ähnelten schon dem Fahrzeug, das wir heute als Käfer kennen. Sie wurden von 120 SS-Soldaten über Strecken von mehr als zwei Millionen Kilometer getestet – eine noch nie dagewesene Vorgehensweise. Unter diesen rigorosen Testbedingungen würde jedes Problem mit Sicherheit gefunden und behoben werden.

1938 ging der Volkswagen Käfer mit der Produktion von 44 Prototypen VW 38 in die Endphase der Entwicklung. Im Februar befahl Adolf Hitler dem Vorsitzenden der Gesuvor, Dr. Bodo Lafferenz, einen Produktionsstandort für den Bau des Volkswagens ausfindig zu machen. Der ideale Standort mußte genügend Umland für die Unterbringung der Arbeiter bieten. Man entschied sich für die Gegend von Fallersleben. Der heutige Name der Stadt geht auf das Rittergut Wolfsburg zurück. Sie liegt in der Nähe des Mittellandkanals und der Autobahn zwischen Hannover und Berlin.

Kraft durch Freude

Im Februar 1938 befand sich die Fabrik im Bau, und am 26. Mai nahm Hitler an einer pompösen Zeremonie teil, bei der er die neuen Prototypen enthüllte und den Grundstein für die Fabrik legte. Zu dieser Zeit waren Fabrik und Stadt nicht unter dem Namen Wolfsburg bekannt, sondern als »Kraft-durch-Freude-Stadt«. Wen dies verwundert, dem geht es ähnlich wie Dr. Porsche, als er hörte, wie Hitler den Namen des Wagens bekannt gab. Es sollte nicht mehr der Volkswagen sein, sondern der KdF-Wagen, der »Kraft-durch-Freude-Wagen«! Ungeachtet der Tatsache, daß der Name doch recht albern klingt, hieß das Fahrzeug vom 26. Mai an offiziell KdF-Wagen.

1953 kam das ovale Heckfenster.

Die KdF-Wagen wurden in der Folge durch ganz Deutschland gefahren und der Bevölkerung vorgestellt. Der Reichsorganisationsleiter der DAF, Dr. Robert Ley, baute ein KdF-Sparmodell auf. Das Prinzip lief darauf hinaus, daß man einfach Sparmarken kaufte und auf Pappkarten aufklebte. Hatte man genügend Marken zusammen, bekam man sein Auto. Allerdings lief es nicht ganz so glatt. In Wirklichkeit mußten die Menschen sehr lange auf ein Auto warten – Hunderttausende von Deutschen nahmen teil, und nicht einer bekam einen KdF-Wagen.

Im Jahre 1939 ging der Aufbau der Fabrik gut voran, und im April trafen die Werkzeugmaschinen aus amerikanischer Produktion ein und wurden eingebaut. Dann aber wurde die Arbeit an der Fabrik durch den Ausbruch des Zweiten Weltkriegs unterbrochen. Bi dahin war noch kein einziges Auto

produziert worden. Gegen Ende des Jahres betrugen die Verluste des Werks den Gegenwert von rund 2 Millionen Dollar. Während der Kriegsjahre von 1940 bis 1945 produzierte die unfertige Fabrik Militärfahrzeuge auf Basis der KdF-Wagen-Technologie, die ebenfalls von Porsche entworfen waren. 1940 wurden 50 788 Kübelwagen und 14 276 Schwimmwagen gebaut. Gegen Kriegsende waren gerade einmal 630 KdF-Wagen fertiggestellt, von denen die meisten für hochrangige Nazifunktionäre und für den Feldeinsatz vorgesehen waren.

Oben: Das ovale Fenster. Großes Bild: Das »große Fenster« ab August 1957.

Die britischen Jahre

Die Produktion von Militärfahrzeugen machte die Fabrik zu einem Ziel für die Bomber der Alliierten. Bis zum Jahr 1944 wurden bei Tagesangriffen zwei Drittel der Anlage zerstört. Da die Außenmauer aber über 1,5 Kilometer lang war, lief die Produktion trotz der schlechten Bedingungen weiter.

Nach Ende des Krieges übernahmen die Alliierten die vollständige Kontrolle über die deutsche Wirtschaft, und das Volkswagenwerk wurde der britischen Armee unterstellt. Unter dem Befehl von Colonel Charles Radcliffe und Colonel Michael McEvoy von den Royal Electrical and Mechanical Engineers (REME) wurden von Armut gebeutelte Zivilisten zur Arbeit in der beschädigten Fabrik herangezogen. Man fand dabei auch die Teile für die Käferproduktion, holte sie aus dem Lager und baute zwei Käfer von Hand zusammen, um sie zu untersuchen.

Auch wenn der Käfer überlebt hatte, so war man über ihn geteilter Meinung. Außer den Verantwortlichen im Werk, unter ihnen auch Major Ivan Hirst von den REME, schien niemand besonders viel von dem Wagen zu halten. Der führende britische Automobilhersteller, Humber, testete den Volkswagen und hielt ihn für eine reine Zeitverschwendung. Der Kommentar lautete: »Er erfüllt nicht die grundlegenden technischen Anforderungen eines Motorfahrzeugs. (...) Er ist zu häßlich und zu laut. Eine Serienproduktion wäre ein vollständig unwirtschaftliches Unterfangen.« Die Offiziere der REME aber setzten auf den Käfer. 1945 wurde die Volkswagenstadt in »Wolfsburg« umbenannt, und das Werk erhielt den Namen »Wolfsburger Motorenwerke«.

Anfang 1946 erteilte Colonel Radcliffe dem Produktionsingenieur Wing Commander Dick Berryman den Befehl, das Volkswagenwerk wieder in Betrieb zu nehmen. Im März 1946 hatte das Werk schon 1000 Einheiten produziert, und zum Ende des Jahres waren nahezu 8000 Fahrzeuge vom Stapel gelaufen und mit der Bezeichnung »Typ 11« versehen worden. Diese Wagen waren für die Besatzungstruppen vor-

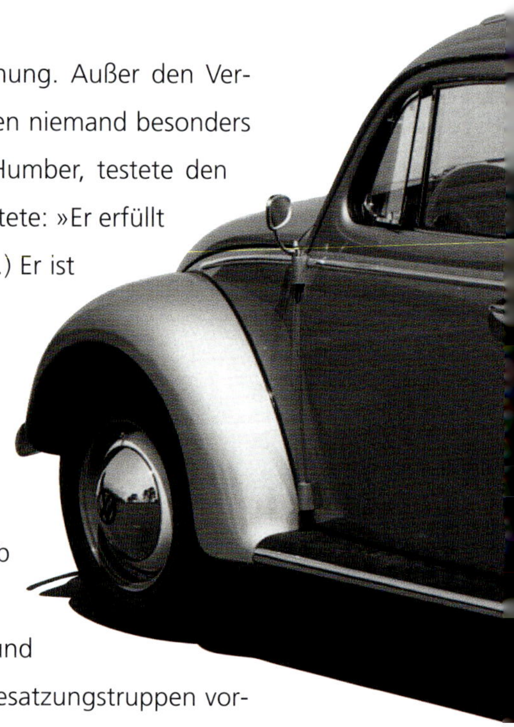

gesehen, die dem Alliierten Kontrollrat unterstanden. Darüber hinaus stellte das Werk für den Kontrollrat auch Kübelwagen und verschiedene davon abgeleitete Fahrzeuge aus Ersatzteilen her.

Eine ungewisse Zukunft

1947 erhielt Major Hirst die Erlaubnis, Volkswagen auch an britische Soldaten zu verkaufen. Darauf folgte der vielleicht bedeutendste Schritt für die Zukunft von VW – die leitenden Offiziere des Werks beschlossen, den Volkswagen auf der Industriemesse in Hannover vorzustellen. Zum ersten Mal konnten auch Deutsche den Wagen tatsächlich kaufen, wenn auch kaum jemand das Geld dazu besaß. Darüber hinaus brachte dieser wichtige Schritt einen Vertrag mit den Gebrüdern Pon aus den Niederlanden, die damit zu den ersten VW-Händlern und -Importeuren wurden.

Zu diesem Zeitpunkt war die Zukunft des Werks immer noch unsicher, und gegen Ende 1947 suchten die Briten nach einem Deutschen für die Leitung von Wolfsburg. Major Hirst gelang es schließlich, den Richtigen in der Person von Heinz Nordhoff zu finden, und wie die Zukunft zeigen sollte, sicherte die Berufung dieses Mannes zum Direktor den weiteren Erfolg von Volkswagen.

Im März 1948 waren bereits 25 000 Volkswagen produziert worden. Volkswagen exportierte auch Fahrzeuge – 23% der Produktion wurden nach Luxemburg, Belgien, in die Schweiz sowie nach Dänemark und Schweden geliefert und brachten damit wertvolle Devisen ein. In Deutschland stellte Volkswagen die Hälfte aller gebauten Autos, und schon 1948 betrug die Jahresproduktion 19 244 Einheiten. Wo immer der VW verkauft wurde, baute Nordhoff Service- und Verkaufsorganisationen auf und legte so den Grundstein für den weltweiten Erfolg von VW. Im Jahre 1949 übergab der Kontrollrat die Kontrolle über Volkswagen an die Bundesregierung.

Nordhoff ließ Ben Pon den ersten VW in die USA mitnehmen, wo er auf einer deutschen Industrieausstellung in New York präsentiert werden sollte. Der Wagen wurde dort allerdings nicht gerade überschwenglich aufgenommen (und Pon mußte ihn schließlich verkaufen, um seine Hotelrechnung bezahlen zu können). Dies war ein Rückschlag für Nordhoff, der in den größten Automobilmarkt der Welt einbrechen und US-Dollars für den Ankauf von Maschinen beschaffen wollte.

Die Situation besserte sich gegen Mitte der 1950er Jahre, als der amerikanische Markt sich auch für andere Fahrzeuge als die chromblitzenden Vehikel mit den mächtigen Motoren zu interessieren begann. Der Volkswagen Käfer erschien da als klassenloses und unkonventionelles Fahrzeug ohne überflüssige Extras. Damit unterschied er sich deutlich von den amerikanischen Wagen, die typischerweise umfangreiche elektrische Anlagen wie Lenkkraftverstärker, elektrische Fensterheber, elektrisch verstellbare Sitze und manchmal sogar elektrische Cabrioverdecke aufwiesen.

Die Verkäufe ziehen an

Der Vorteil beim Besitz eines VW war der, daß er jedes Jahr gleich aussah – anders als die amerikanischen Autos, deren Design im Rennen um die Käufer jedes Jahr verändert wurde. Für den Käfer standen Ersatzteile in ausreichender Menge zur Verfügung und wurden über ein riesiges Händlernetz verkauft. Es nimmt also nicht Wunder, daß sich sein Ruf verbreitete!

In Großbritannien begann der Verkauf 1953. Der Autohändler John Colborne Baber aus Surrey hatte allerdings schon seit 1948 Käfer nach Großbritannien importiert und sie mit Chromverzierungen und Vinylbezügen ausgestattet. Viele dieser Käfer wurden auf Rechtssteuerung umgerüstet. Die offiziellen Importe begannen erst 1953, als das infolge des Zweiten Weltkriegs erlassene Importverbot für Automobile aufgehoben wurde. 1955 rollte in Wolfsburg der 1 000 000ste Käfer vom Band, und 1959 produzierte VW über 575 000 Käfer pro Jahr. Die Wartezeit in den USA betrug bis zu sechs Monate. 1960 erreichte Volkswagen einen weiteren Meilenstein – in den USA wurde der 500 000ste Käfer verkauft – eine bemerkenswerte Leistung, wenn man bedenkt, daß das Unternehmen den Wagen nicht ernsthaft beworben hat! Als VW schließlich Werbung machte, zogen die Verkäufe noch stärker an, was hauptsächlich Doyle Dayne Bernbach zu verdanken ist. Die Werbung war ehrlich, unprätentiös und lustig. Folgerichtig wurde 1962 der 5 000 000ste VW produziert, und die Jahresproduktion betrug bis zu einer Million Einheiten. 1963 eröffnete VW das Hauptquartier von Volkswagen of America in Englewood Cliffs in New Jersey.

1964 gründete Volkswagen die VW de Mexico S.A. im mexikanischen Puebla und begann, VWs nach deutschem Standard zu niedrigen Preisen für den heimischen Markt zu bauen. Später sollte Puebla eine sehr wichtige Rolle in der Geschichte des New Beetle spielen. 1965 waren bereits

Der »Jubiläums-Käfer« von 1985 wurde in Mexiko gebaut.

10 Millionen Volkswagen gebaut worden. Im Februar 1972 überbot VW mit dem 15 007 034sten Käfer den Rekord des Ford Model T als meistgebautes Fahrzeug der Welt.

Nach 30 Jahren stellte das Werk in Wolfsburg 1974 die Produktion des Käfers ein, um Kapazitäten für den neuen VW Golf zu schaffen. Der Käfer wurde aber noch an mehreren Standorten weitergebaut: Emden in Deutschland, Belgien, Puebla in Mexiko, Südafrika, Brasilien, Australien, Philippinen, Uruguay, Nigeria, Malaysia, Peru, Venezuela und Indonesien. Am 19. Januar 1978 rollte der letzte in Europa gefertigte Käfer in Emden vom Band, aber immer noch kamen mexikanische Importe nach Europa. Am 15. Mai 1981 wurde in Mexiko der 20 000 000ste Käfer gebaut. Noch bis zum August 1985 wurden Käfer nach Deutschland geliefert, wo die Nachfrage nachgelassen hatte und der Import unwirtschaftlich geworden war. Trotzdem lief die Produktion weiter, und im Juni 1992 betrug die Zahl produzierter Einheiten 21 Millionen. Auch heute noch wird der luftgekühlte Käfer in Puebla gebaut; mittlerweile sind über 22 Millionen Einheiten produziert worden.

Der Käfer ist das beliebteste Auto überhaupt. Weltweit gibt es über 1000 Fanclubs, und jährlich finden Hunderte von VW-Treffen statt. Es gibt unzählige inoffizielle Ersatzteilhersteller, Läden und Service- und Restaurierungsunternehmen. Über kein Automodell wurde mehr geschrieben, und keines wurde häufiger umgebaut, bei Rennen eingesetzt, getuned oder bis zur Perfektion restauriert.

2

Der Concept 1

Der Concept 1 und ein 1946er Käfer; von Dean Kirsten.

Als sich im Januar 1994 die Tore der North American International Motor Show in Detroit für die Motorpresse öffneten, überraschte Volkswagen of America die Autowelt mit etwas irgendwie Vertrautem: Es war eine Designstudie mit der Bezeichnung Concept 1, die der Leiter der Forschungs- und Entwicklungsabteilung bei Volkswagen da der Welt vorstellte.

Die Geschichte nimmt allerdings schon lange vor der Ausstellung ihren Anfang. Der bei Volkswagen in Wolfsburg für Strategie und Design verantwortliche Rüdiger Folten beschreibt es so: »Als wir mit der Arbeit am Concept 1 begannen, war es zunächst nur so eine Idee. Wir wollten ursprünglich ein emissionsfreies Fahrzeug bauen. Die Verkaufszahlen in den USA waren rückläufig, und wir wollten den Leuten in Erinnerung rufen, daß wir noch da sind. Wir erstrebten eine Form, an die die Menschen in Amerika sich mit Sympathie erinnern, es sollte aber auch gleichzeitig einen modernen Stil zeigen.« Der Concept 1 wurde von Grund auf neu entwickelt, und obwohl viele Motorjournalisten der Meinung waren, er basiere auf der Plattform des Polo, versichert Rüdiger Folten dagegen, daß »der Concept 1 keinerlei Beziehung zum Polo besaß.«

Entwurfszeichnung des Concept 1.

Der Concept 1 wurde unter strengster Geheimhaltung im VWOA Design Centre im kalifornischen Simi Valley entwickelt, das für die Volkswagen AG zur Region Nordamerika zählt. Hier lag auch die gesamte Verantwortung für das Projekt.

Die Anlage in Simi Valley wurde im Januar 1991 von Volkswagen und Audi eröffnet. Das Ziel des Designzentrums bestand darin, die Position von VW und Audi auf dem nordamerikanischen Markt zu verbessern. Außerdem wollte Volkswagen die Trends in einer der Wiegen des Automobildesigns im Auge behalten.

Im März 1992 begann die Arbeit an einem Fahrzeugkonzept, das auf alternativen Antriebssystemen basierte – Ziel war völlige Emissionsfreiheit. Im September führte VW eine umfangreiche Marktuntersuchung in der amerikanischen Automobilwelt durch und stellte dabei fest, daß sich ein Thema beständig wiederholte: Wenn Volkswagen genannt wurde, bestand die unmittelbare Reaktion in der Erwähnung des Käfers. Dieses legendäre Auto lebte in der Erinnerung der Amerikaner fort. Der Käfer war in ganz Nordamerika ein Synonym für VW geworden.

Volkswagen stellte fest, daß man sich die positive emotionelle Besetzung des Käfers zunutze machen und gleichzeitig das Markenzeichen VW in den USA wieder ins Rampenlicht stellen konnte. Das Ergebnis der daraus folgenden Überlegungen bestand in einer Kombination der emissionsfreien Studie mit einem Auto, das die Käferlegende wiederbeleben würde. Es sollte nicht einfach nur eine Retrospektive sein, auch wenn alles an den ersten Entwürfen »Käfer!« schrie. Die geschwungene Dachlinie, die sich steil zum Heck absenkt, und die gerundete Motorhaube, die in die halbkreisförmigen Kotflügel übergeht, zeigen allemal einen starken Bezug zum ursprünglichen Käfer, wirken

Verwandte Linien – mit 48 Jahren Altersunterschied.

Die Seitenansicht verdeutlicht, woher das »Drei Kreise«-Konzept des New Beetle-Logos stammt.

aber gleichzeitig neu und erfrischend. Im März 1993 waren aus den Entwurfszeichnungen dreidimensionale Modelle im Maßstab 1:4 geworden, und der Initiator des Projekts, Hartmut Warkuß, konnte dem Vorstandsvorsitzenden von VW, Dr. Ferdinand Piëch, die Studie präsentieren. Dessen Reaktion war ausgesprochen positiv. Nachdem er die Designstudie des Concept 1 gesehen und offensichtlich ihre potentiell große Wirkung auf die Automobilwelt erkannt hatte, ließ Piëch die Studie zu einem ausgewachsenen Prototyp weiterentwickeln, der im Januar 1994 in Detroit von Volkswagen of America vorgestellt werden sollte.

Der Leiter des für den Concept 1 verantwortlichen Design Teams, J.C. Mays – der mittlerweile zur Ford Motor Company gewechselt ist – sagte: »Wir wollten Vergangenheit und Zukunft kombinieren.« Man wollte ein Fahrzeug entwerfen, zu dem jeder sofort eine emotionale Beziehung aufbauen konnte, das aber auch mit modernster Technologie aufwarten konnte. Dies war die Grundlage für die Ideen zur Verwendung von Hybrid- und Elektroantrieben.

Mit der Designstudie wollte man die Auswahl unter drei Antriebsvarianten bieten. Das erste war der 66 kW starke 1,9-l-Turbodiesel mit einem 5-Gang-Ecomatic-Getriebe. Bei der Ecomatic handelt es sich grundsätzlich um ein computergesteuertes automatisches Abschaltsystem. Wenn der Computer entscheidet, daß das Fahrzeug den Antrieb momentan nicht benötigt, schaltet er den Motor einfach aus. Wenn das Fahrzeug an einer roten Ampel anhält, schaltet die Maschine ab, und sobald der Fahrer das Gaspedal betätigt, springt der Motor augenblicklich wieder an. Diese geniale Idee hat sich nicht nur als sehr kraftstoffsparend erwiesen, sie reduziert auch die Emissionen um 36%. Die Ecomatic fühlt sich im Betrieb zwar anfänglich etwas seltsam an, aber nach etwa einer Stunde Fahrt haben sich die meisten Fahrer daran gewöhnt. Für einen Geübten stellt sie mit Sicherheit kein Problem dar. In Europa bot VW die Ecomatic im Golf an, aber obwohl sie sich als gute Idee entpuppte, ist sie von der Öffentlichkeit nicht angenommen worden und wurde innerhalb eines Jahres wieder fallen-

Der TDI-Motor mit der Ecomatic.

Entwurfszeichnungen zum Concept 1.

gelassen. Im Concept 1 erreichte der 1,9 l-TDI eine Spitzengeschwindigkeit von 180 km/h und beschleunigte in 12,8 Sekunden von 0 auf 100 km/h. – Die zweite Variante bestand in einem reinen Elektroantrieb mit einer Zweigang-Automatik, der 37 kW leisten sollte. Dieser Antrieb, der auf der Natrium-Nickelchlorid-Hochtemperaturbatterie von AEG basierte, konnte den Concept 1 auf eine Spitzengeschwindigkeit von 125 km/h beschleunigen und verlieh ihm eine Reichweite im Stadtverkehr von rund 150 km. Tests mit einer konstanten Geschwindigkeit von 50 km/h ergaben eine Reichweite von 250 km.

Die dritte Variante war ein Hybridantrieb mit einem 50 kW-Dreizylinder-TDI mit 1400 ccm, der mit einem auf Nickel-Metallhybridbatterien basierenden 18-kW-Elektromotor gekoppelt war. Der Dieselmotor erreichte 165 km/h, während das Maximum des Elektromotors bei 105 km/h lag.

Im Juli 1993 war das maßstabgetreue Plastilinmodell des Concept 1 fertig. Es handelte sich um ein viel kleineres Auto als das Serienmodell New Beetle, dessen Maßen wir uns später widmen werden. Bei einem Vergleich treten die Unterschiede zwischen dem Concept 1 und dem Käfer unmittelbar zutage. Die Länge des Concept 1 betrug 3824 mm, womit er kürzer war als der ursprüngliche heckgetriebene

Der Innenraum des Concept 1.

Käfer mit 4070 mm. Die Breite betrug 1636 mm, also knapp 10 cm mehr als beim Käfer. Interessant ist hierbei, daß Käfer und Concept 1 praktisch die gleiche Höhe aufweisen.

Die Vorbereitungen liefen weiter, um das gelbe Show Car rechtzeitig zur Motor Show fertigzustellen. Das Design beinhaltete viele Elemente, die an den Käfer gemahnten, aber auch zahlreiche futuristische Aussagen. Um es mit VW auszudrücken: »Die Formen folgen möglichst nahe zwei geometrischen Grundformen – dem Kreis und der Kugel. Glatte Flächen bleiben glatt, ohne Sicken oder Stufen, und beziehen ihren subtilen Charme ausschließlich aus den großzügigen Kurven. Die Konfiguration des Armaturenbretts ist außerdem logisch und geometrisch geordnet. Es besteht eine angenehme Spannung zwischen der Einfachheit der glatten Oberflächen und den wenigen geraden Linien auf der einen Seite und den runden Formen auf der anderen Seite – die Linien der Seitenfenster sind hierfür ein gutes Beispiel.« In der Seitenansicht zeigte der Concept 1 eine deutliche Abweichung von der Käferform. Die Windschutzscheibe stand nicht senkrecht! Beim Concept 1 bildete die Scheibe einen sanften Übergang von der Fronthaube zum Dach. Dies gewährte den Insassen ein großzügigeres Raumgefühl und einen besseren Rundumblick. Jeder, der einmal einen Käfer gefahren hat, wird bestätigen, daß man sich der Scheibe doch recht nahe fühlte.

Das Wageninnere sollte durch schwarze Bezüge bestimmt werden, um die Sitze optisch in den Hintergrund zu verlagern und das bewußt einfach gehaltene Armaturenbrett zur Geltung zu bringen. Die Mittelkonsole mit dem Luftauslaß und dem Radio sowie das einzelne Anzeigeelement bestanden aus dunkelgrauem Plastik, während die übrige gelbe Verkleidung mit den Türen korrespondierte. Die linke Seite des Armaturenbretts wies einen großen Haltegriff mit einer Blumenvase an seinem linken Ende auf. Dies war als Rückgriff auf den Käfer der 1950er und frühen 1960er Jahre gedacht, als am Armaturenbrett angebrachte Blumenvasen aus Glas oder Porzellan sehr beliebt waren. Sie gehörten seinerzeit allerdings bei aller Beliebtheit nicht zur Grundausstattung des ursprünglichen Käfers, sondern wurden als Sonderzubehör angeboten. Diese einfache Idee verschaffte dem VW eine gewaltige Aufmerksamkeit in der Presse, und so schaffte die Vase es bis in das Serienmodell des New Beetle!

Von der vorderen Trennwand zog sich zwischen den Vordersitzen hindurch bis zu den Rücksitzen ein farblich abgesetzter gelber Tunnel mit zwei Becherhaltern vor dem Schalthebel und einem weiteren Halter im hinteren Passagierbereich. Auch die Türrahmen waren farblich abgesetzt. Die Türbespannung war schlicht gehalten und wies einfache Türgriffe, Fensterkurbeln und Türöffner auf. Ebenso waren die oberen Türrahmen farblich abgesetzt, ein Thema, das sich bei den hinteren Seitenfenstern fortsetzte.

Das Äußere

Der Concept stand auf großen 18-Zoll-Rädern mit 155/75er Goodyear-Reifen. Die Breite der Reifen schuf den Eindruck, daß sie hoch und schmal waren und somit dem Vorbild des alten Käfers entsprachen. Zu den äußerlichen Details zählten zwei Hupenziergitter, die den Gittern an den Kotflügeln des ursprünglichen Käfers ähnelten. Hinter einem dieser Gitter befand sich die Hupe, das andere war nur eine der Symmetrie dienende Attrappe. Dieses Detail fand keinen Eingang in das Serienmodell.

Die Fronthaube des Concept 1 war kürzer und weniger stark gewölbt als die der späteren Serienmodelle, wodurch dieses Fahrzeug ein wesentlich runderes Profil erhielt. Die vorderen Blinker waren in die Frontscheinwerfer integriert. Die Frontschürze schien abnehmbar zu sein und sollte je nach den Abmessungen der nationalen Kennzeichen individuell ausgetauscht werden können. In die Schürze waren zwei leuchtstarke Miniaturscheinwerfer eingelassen.

Alle vier Kotflügel waren als untereinander austauschbar konstruiert. So konnte man etwa den rechten hinteren Kotflügel durch den linken vorderen auswechseln und umgekehrt – eine geniale Idee, die die Lagerhaltung und die Bestellungen der Händler halbiert hätte, aber leider erwies sie sich als untauglich für die Serienproduktion. Der hintere Stoßfänger war glatt und folgte dem Schwung des Kotflügels, wodurch er mit den drei Halbkreisen des Profils harmonierte. Auch dieses Teil ging nicht in Serie. Wie schon vorne gesehen, so besaß auch der hintere Stoßfänger eine separate Schürze, die aber statt der Lampen jeweils eine Aussparung für die Auspuffrohre sowie für den Abschlepphaken aufwies. Die Heckklappe des Concept 1 wies eine dritte Bremsleuchte, das VW-Signet und ein Schloß auf.

Das schlichte Armaturenbrett des Concept 1.

An diesem Punkt sollten wir uns einmal die Empfindungen der VW-Enthusiasten (oder sollte man Fanatiker sagen?) vor Augen führen, als deutlich wurde, daß der Concept 1 sich vom luftgekühlten Heckmotor mit der Schwingachse verabschiedet hatte. Statt dessen waren Motor und Getriebe vorne untergebracht und trieben die Vorderräder an. Dies war ein großer Bruch und ließ bei vielen das Gefühl aufkommen, daß das neue Auto eigentlich nur wie ein Käfer aussah. Das Käferdesign hatte sich, abgesehen von kleineren Modernisierungen und Verbesserungen, seit 1977 nicht wirklich verändert. Aber wenn der Käfer als Hauptstandbein der Volkswagenverkäufe in Europa und den USA überlebt hätte, hätte er sich durchaus zu einem Fronttriebler entwickeln können. Da er aber – abgesehen von der Produktion für die südamerikanischen Märkte – durch den Golf ersetzt wurde, werden wir niemals erfahren, was aus ihm hätte werden können.

Was wir wissen, ist, daß die Geschichte noch aufregender werden sollte, da der Concept 1 nun bereit war, der Öffentlichkeit auf der Detroit Motor Show vorgestellt zu werden. VW gestand ein, daß die Reaktion alle Erwartungen übertraf. Der Wagen genoß eine enorme Aufmerksamkeit, was natürlich zum Teil auf den offensichtlichen Bezug auf seinen Urahn zurückzuführen war. Darüber hinaus waren die Liebe zum Detail und zur Qualität des Designs unübersehbar.

Bei der Enthüllung teilte der für Technologie und Entwicklung verantwortliche Ulrich Seiffert der Presse mit: »Wir wollen die typischen Qualitäten eines VW betonen; sein ehrliches, verläßliches, zeitloses und jugendliches Design. Wir werden den Käfer nicht mehr zurückbringen, aber wir wollen mit einem ehrlichen und zuverlässigen Wagen zu unseren Wurzeln zurückkehren, der das Design unserer kleineren Fahrzeugpalette beeinflussen wird.«

Zu diesem Zeitpunkt wurde noch keine Aussage zu einer möglichen Serienfertigung des Concept 1 getroffen, was hauptsächlich daran lag, daß man bei VW noch gar keine Pläne in dieser Hinsicht gemacht hatte! Allerdings war die Reaktion von Öffentlichkeit, Presse und Händlern in ganz Nordamerika überwältigend positiv. Jeder schien zu erwarten, daß VW diesen Wagen auch bauen würde. Als die Presse von Seiffert wissen wollte, ob VW den Concept 1 in Serie produzieren wolle, war seine erste, recht zurückhaltende Reaktion, daß es »möglich« sei. Die wichtigste Frage für VW lautete Rüdiger Folten zufolge: »Wird es uns gelingen, diese weithin bekannte Form zu einem funktio-

Das Concept 1 Cabrio – die logische Fortsetzung.

nierenden Auto zu machen?« – Der nächste Schritt bestand in der Enthüllung einer weiteren Studie des Concept 1-Themas: des Concept 1 Cabrio. Der Erfolg auf der Detroit Motor Show setzte sich auf dem Genfer Automobilsalon fort. Wenn die Rückkehr zu den Wurzeln bei der Limousine so gut funktionierte, bestand kaum ein Zweifel, daß die offene Variante ebenfalls für Aufregung sorgen würde. Der Prototyp wurde als Blick in die Zukunft von Volkswagen angekündigt, ein Fahrzeug von ganz eigener Klasse, schlicht, einzigartig und modern.

An diesem Punkt versprach Piëch der Automobilwelt, daß der Concept 1 »keine Vision bleiben müsse«. Kurz darauf folgte eine Pressemitteilung aus Wolfsburg, derzufolge VW sich entschlossen hatte, den Concept 1 aufgrund der breiten öffentlichen Zustimmung noch vor dem Jahr 2000 zur Serienreife zu bringen und auf dem Markt einzuführen.

VW zufolge waren eine wirtschaftliche Produktion und ein marktfähiger Preis nur auf Basis einer bereits existierenden Plattform möglich. Man entschied sich daher für den neuen Golf, der später die Bezeichnung »Golf 4« erhalten sollte. Dafür mußte der Concept 1 allerdings noch umfangreiche Veränderungen durchlaufen. Aber, wie Rüdiger Folten es humorvoll ausdrückt: »Wenn Dr. Piëch sagt, daß wir dieses Auto bauen, gehen 7000 Menschen ans Werk.«

Damit war die Geschichte des Concept 1 aber noch nicht zu Ende. Auf der New York Auto Show wurde das Concept 1 Cabrio auch der amerikanischen Öffentlichkeit vorgestellt. Bei VW hieß es zu dieser Zeit, daß »das Concept 1 Cabriolet den Geist von Volkswagen mit dem Flair des offenen Fahrens verbindet. Volkswagen hat die Evolution in der Motorwelt mit Verläßlichkeit und solidem Handwerk wieder einen Schritt vorangetrieben. Heute gewähren der Concept 1 und das Concept 1 Cabriolet einen Blick in die mögliche Zukunft von VW. Die Entwicklung zum viertgrößten Automobilhersteller der Welt setzt sich mit einem mutigen Blick in die automobilen Bedürfnisse der Zukunft fort – Bedürfnisse, die die Tradition des Unternehmens mit fortschrittlichen Technologien verbinden.«

Das Concept 1 Cabrio im Profil – phantastisch!

Das Design-Team in den Vereinigten Staaten hatte es sich zum Ziel gesetzt, ein Auto zu entwerfen, das die Vergangenheit mit der Zukunft vereinen würde. Es sollte ein großartiges Design sein, ein Auto, zu dem die Menschen eine Beziehung aufbauen konnten und dem sie vertrauten, und das ihnen darüber hinaus die Vorzüge modernster Tech-

VW, ihr müßt einfach ein New Beetle Cabrio bauen!

nologie bot. Der Concept 1 und das Concept 1 Cabrio waren das Resultat dieser angestrengten Bemühungen. Im Profil zeigt das Fahrzeug eine klare, schlichte Form, die sich aus drei Zylindern zusammensetzt – zwei an der Position der Räder und einer, der die Fahrgastzelle bildet. Es gibt dabei keinerlei aggressive Linien. Das Auto war für einen Frontmotor, zwei Airbags, Seitenaufprallschutz und ABS-Bremssystem ausgelegt und sollte vier Erwachsenen Platz bieten. Die 18-Zoll-Räder trugen 155/75er Reifen. Die gesamte Armaturenbeleuchtung war elektroluminiszent, was weniger anstrengend für die Augen ist. Der Fahrer erhielt seine Informationen von einem einzelnen runden Anzeigeinstrument, das Tacho, Motortemperaturanzeige, Tankanzeige und Kontrolleuchten enthielt. Das Concept 1 Cabrio wies außerdem noch ein Radio mit CD-Player und sechs Lautsprechern auf. Darüber hinaus waren Sitze und Seitenpaneele mit modisch gemustertem schwarz-weißem Stoff bezogen. Es war ohne jeden Zweifel das phantastische Design des Concept 1, das für VW den Anstoß gab, den New Beetle in Serie zu produzieren.

Design & Fertigung

Nun verlagert sich die Geschichte von Simi Valley in die Design-Studios in Wolfsburg, denen die Aufgabe zufiel, das Show Car in ein fertiges Serienfahrzeug zu verwandeln. Auf den ersten Blick mag der Concept 1 durchaus dem New Beetle gleichen, aber wenn man beide genauer betrachtet, bleibt nur wenig übrig, das nicht verändert wurde. Die Golf-Plattform war rund 30 cm länger als der Concept 1. Rüdiger Folten zu dem Problem: »Der Wagen mußte größer werden – breiter, höher und länger –, wir mußten ihn also ein wenig wachsen lassen.«

Entwurfszeichnung des New Beetle.

Das Team in Wolfsburg machte sich also an die Arbeit und erstellte zunächst Entwurfszeichnungen, die dann in den Computer übertragen wurden. Als nächstes baute man eine Plattform auf, die als Basis für ein Plastilinmodell in Originalgröße dienen sollte, das mit Hilfe von Spachteln, Modellierwerkzeugen und Schablonen von Hand gefertigt wurde. Diesem Modell folgten weitere, die – zunächst ohne, dann mit Fenstern – aus einem Kunststoff namens Epowood gegossen wurden.

Nun wurde das Epowood-Modell mit einem Daten-Kontroll-Modell vermessen, um als Grundlage für die ersten Prototypen zu dienen. Die Daten wurden in Computer eingelesen und für die Herstellung

Frühe Entwürfe zeigten noch die Rückspiegel des Concept 1.

der notwendigen Werkzeuge digitalisiert. Diese Daten sind auch für spätere Detailstudien wie Crash-Simulationen und andere detaillierte Tests wichtig.

Im nächsten Schritt wandte man sich dem Inneren des Wagens zu. Das Design-Team Technik mußte nun die internen Elemente entwickeln, zum Beispiel tragende Elemente, Verstärkungen, Säulen, Schwellen, Radkästen sowie Armaturenbrett, Tür- und Haubenscharniere, Türpaneele und Motortrennwand. Um eine Vorstellung von der notwendigen Arbeit zu vermitteln: Die Karosserie eines Volkswagens besteht aus rund 300 gestanzten und gepreßten Stahlplatten, die allesamt einer strengen Qualitäts- und Sicherheitsprüfung standhalten und darüber hinaus auch noch wirtschaftlich herstellbar sein müssen!

Das Innenraumdesign war ebenfalls sehr wichtig. Das Fahrzeug sollte optisch den höchsten ergonomischen Ansprüchen genügen. Abgesehen von den modernsten Sicherheitseinrichtungen mußten alle Funktionen »selbsterklärend« sein. Dies war, kurz gesagt, eine ausgesprochen schwierige Aufgabe für alle Beteiligten. Wie schon die äußere Form entstand auch das Innere auf der Grundlage des Concept 1, aus dem weitere Entwurfszeichnungen entwickelt wurden, bis schließlich ein Holz- und Plastilinmodell des Innenraums im Maßstab 1:1 gebaut werden konnte. Diese »seat box« diente dann

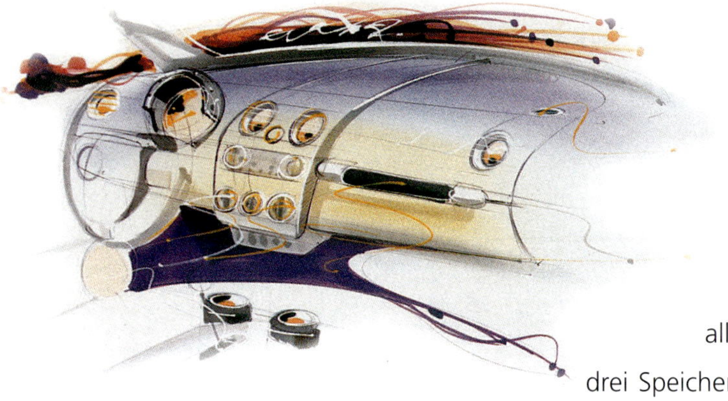

zur Entwicklung kleiner Details und Funktionen. Dieses besondere Modell mußte natürlich über ästhetisches Flair verfügen, aber auch funktional sein. Daher wurde das Armaturenbrett des Concept 1 bei aller Ähnlichkeit doch stark modifiziert. Das Lenkrad hat jetzt drei Speichen statt der ursprünglichen zwei beim Concept 1. Darüber hinaus wurden die Türinnenverkleidungen so entworfen, daß sie Netztaschen, ausgeformte Armlehnen und Türgriffe aufnehmen konnten, und sie wurden aus Sicherheitsgründen mit einem roten Warnlicht ausgestattet, das aufleuchtet, wenn die Tür offen ist. Beim »Layout« von Motor und Antrieb mußten die Designer in Wolfsburg außerdem auf Dinge achten, die wir als selbstverständlich erwarten, zum Beispiel die Überprüfbarkeit von Ölstand und Füllmenge der Scheibenwaschanlage.

Zeichnungen des Armaturenbrettentwurfs.

Als nächstes wendete man sich der Lackfarbe und der Innenausstattung zu. Das Team mußte aus einer schier unerschöpflichen Palette die Farben auswählen, in denen der Wagen erhältlich sein sollte, wobei man sich an aktuellen Trends orientierte und eine Farbe zu finden versuchte, die jeden Käufer ansprechen sollte. Man entschied sich für acht Farben. Die Materialien, Farben und Oberflächen des Innenraums wurden sorgfältig ausgewählt, da sie nicht nur mit der Lackierung, sondern auch miteinander harmonieren sollten. Die für die Innenausstattung verantwortliche Abteilung arbeitet wie ein Pariser Modehaus, da sie nicht nur die Kundenwünsche erfüllen, sondern auch neue spektakuläre Ausstattungsideen liefern und Trends setzen sollte. Im November 1994 schließlich wurden die ersten Exterior- und Interiormodelle im Maßstab 1:1 dem VW-Vorstand zur Zustimmung vorgestellt.

Ein neuer Anfang

Der nächste Schritt sollte Rüdiger Folten zufolge als »ein neues Kapitel in der Geschichte des New Beetle« gesehen werden. Man konstruierte einen Prototyp aus Metall, der im Oktober 1995 auf der Automobilausstellung in Tokyo den ersten Auftritt eines Concept 1 oder seiner Nachfolger im asiatischen Raum absolvieren sollte. Auch wenn Folten betont, daß »es keine Geheimnisse um den New Beetle« gab, war doch seit März 1994 nicht viel an die Öffentlichkeit gedrungen. Aus diesem Grund zeigte sich die Presse auch skeptisch, ob es VW gelingen würde, die Attraktivität des Concept 1 auf dem Weg

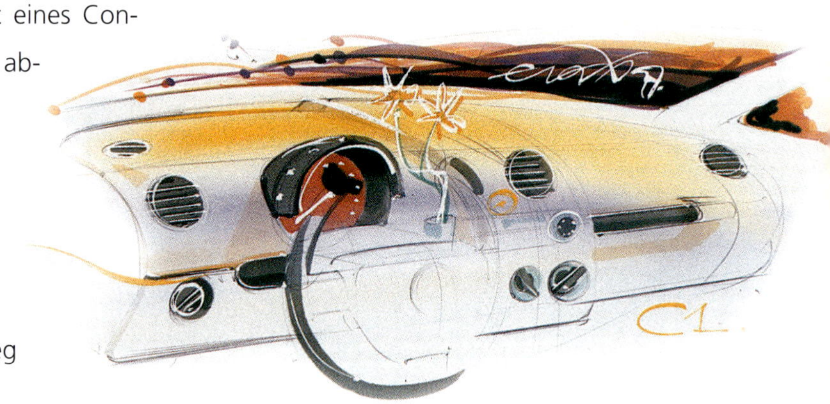

vom Show Car zum Serienmodell zu bewahren. VW sollte dieses Gerücht in Tokyo mit dem schwarzen Prototyp gründlich widerlegen!

Volkswagen mußte die Frontpartie des Fahrzeugs hauptsächlich aus Sicherheitsgründen umfassend verändern, schaffte es aber, die Form so nahe wie möglich an den Linien des Concept 1 zu halten. Zu diesem Zeitpunkt firmierte das Fahrzeug schlicht unter der Bezeichnung Concept und besaß ein getöntes Glasdach, das hervorragend mit der schwarzen Lackierung harmonierte. Was die Pressevertreter nicht wußten: Der schwarze Concept von Tokyo entsprach Rüdiger Folten zufolge »schon sehr stark dem endgültigen Serienmodell«. Die japanische Öffentlichkeit nahm den Concept in geradezu überwältigender Weise auf, wie bereits 20 000 Vorbestellungen noch während der Ausstellung belegen. VW hatte auf einen Sieger gesetzt. Die positive Reaktion von VW-Händlern, Journalisten und potentiellen Käufern hatte sich ausgezahlt.

Dr. Ferdinand Piëch teilte der Welt mit, daß der Concept noch vor der Jahrtausendwende in

Der für Tokyo gebaute Concept war nah am Serienmodell.

Es fanden nur noch wenige Veränderungen statt.

Produktion gehen werde. Er kündigte außerdem an, daß Volkswagen das Fahrzeug in seiner Produktionsstätte im mexikanischen Puebla fertigen wolle. Puebla sollte darüber hinaus nicht ausschließlich für den nordamerikanischen Markt, sondern für die Märkte in der ganzen Welt produzieren. Am 29. Oktober 1995 lieferte VW eine Pressemeldung mit der Überschrift »Volkswagen benennt die Produktionsstätte für den Concept 1«. Sie enthielt einige Aussagen von Dr. Piëch, die er anläßlich der Pressekonferenz auf der Tokyoter Automobilausstellung gemacht hatte. Er sagte: »Sie werden unzweifelhaft bemerkt haben, daß wir uns gegenwärtig im Prozeß – und ich sage bewußt Prozeß, da der Vorgang noch nicht abgeschlossen ist – der Weiterentwicklung des Concept 1 befinden. Dies erfolgt natürlich unter Einsatz der modernsten Technologien. Aber, anstatt das Fahrzeug bis zu seiner Markteinführung geheim zu halten, wollen wir, daß unsere Kunden an der Produktentwicklung des Concept 1 teilhaben.«

»Als wir den Concept 1 erstmalig auf der 1994er Detroit Motor Show präsentierten, waren wir von der positiven Reaktion überwältigt. Seitdem haben wir mit Kunden und Händlern in der ganzen Welt gesprochen und die Empfehlungen der Medien und der Automobilpresse aufmerksam zur Kenntnis genommen. Warum? Weil wir ein Fahrzeug auf die Weltmärkte bringen wollen, das den Bedürfnissen, Wünschen und Träumen unserer Kunden in höchstem Maße entgegenkommt. Heute laden wir Sie ein, sich mit dem aktuellen Entwicklungsstand des Concept 1 vertraut zu machen (...) Als Beleg unseres Vertrauens in den Concept 1 kündigen wir heute die Produktionsstätte an: der Concept 1 wird für alle Märkte in unserem Werk in Puebla in Mexiko gefertigt werden.«

Der Auftritt des New Beetle

Die Entscheidung für das mexikanische Werk war wirklich sinnvoll, da der Hauptabsatzmarkt für das neue Modell direkt auf der anderen Seite der Grenze lag – nicht auf der anderen Seite des Ozeans. Auch die steuerliche Situation war für Kunden aus den USA günstiger, da der Wagen kein Import aus Europa sein würde.

Fünf Monate nach der Ankündigung war VW zurück auf dem Genfer Automobilsalon, und der Wagen trug nun offiziell

Der Produktionsbeginn in Mexiko.

den Namen »New Beetle«. Volkswagen hatte das Concept-Design verfeinert, und dies war, so Rüdiger Folten, »abgesehen von Detailveränderungen das Endstadium der Entwicklung«. Ein interessantes Merkmal des Prototyps von Genf war der Antrieb, der aus einem TDI-Motor mit Allradantrieb bestand.

Am Ende der Produktionsstraße.

Das Innere des New Beetle zeigte eine grau-gelbe Kombination aus Stoff und Leder. Der Benzintank besaß eine Kapazität von 55 Litern, was zusammen mit dem 90 PS-TDI für eine äußerst respektable Reichweite sorgte. Der Luftwiderstandsbeiwert wurde ebenfalls das erste Mal in Genf erwähnt und lag trotz der einzigartigen Form gut unterhalb der kritischen 40er Marke.

Nun stand nur noch der Vorgang der Produktion an. Daß dies nicht ganz geradlinig verlief, lag an dem Umstand, daß Volkswagen in Puebla neben der Käferfertigung ganz neue Produktionsanlagen vorsehen mußte. Eine Fertigungsqualität nach europäischen Standards sollte gewährleistet sein, und das Werk mußte mit steigenden Produktionszahlen fertig werden können. Die Volkswagen-Gruppe plant bis zum Ende des Jahres 2000 zwischen 100 000 und 160 000 produzierte Einheiten. Jeder Wagen, der das Werk verläßt, trägt an den vorderen Seitenscheiben einen kleinen Aufkleber mit dem Aufdruck: »Proudly Produced With High Quality Volkswagen de Mexico.« (Mit Stolz in höchster Qualität von Volkswagen de Mexico produziert.)

New Beetles am Werkstor von Puebla.

4

Einführung & Verkauf

Reborn January 5, 1998« (wiedergeboren am 5. Januar 1998) lautete der Einzeiler auf dem Umschlag des Prospekts für den New Beetle anläßlich der Automobilausstellung in Detroit. Volkswagen warb mit den Worten: »Der Motor ist vorne, aber das Herz sitzt immer noch auf dem rechten Fleck.« In Detroit wurden sieben New Beetles vorgestellt, und es heißt, die Atmosphäre sei »elektrisiert« gewesen. Die heißeste Neuigkeit war die, daß der Wagen im Frühjahr 1998 »bei Volkswagen-Händlern in ganz Amerika« eintreffen solle.

Während er die Magie seines legendären Namensvetters wiederaufleben läßt, ist der New Beetle doch nicht nur eine Modernisierung des Originals, sondern ein vollkommen neues und modernes Auto – ein Käfer, der sich ins 21. Jahrhundert aufmacht und uns einlädt, ihm zu folgen. Als zeitgenössische Kreation ist der New Beetle mehr als ein Aufblitzen sonniger Originalität in einem nur allzu ernsten Automobilmarkt. Er ist auch absolut funktional und bietet viel Komfort zum Wohlfühlen sowie die neuesten Entwicklungen auf dem Gebiet der Kleinwagensicherheit.

Eine von vielen witzigen VW-Postkarten.

Er ist innen und außen deutlich größer als das Original und hat kein einziges Teil mit dem Vorgänger gemeinsam. Er wird von einem vorne eingebauten Vierzylinder mit 115 PS oder einem hochentwickelten Turbodiesel mit Direkteinspritzung angetrieben, der 5,3 l auf 100 km ver-

Die Aufrißzeichnung zeigt das Herz des Golf 4.

braucht und eine Reichweite von rund 1000 km bietet. Der New Beetle ist frontgetrieben und mit einer umfangreichen Serienausstattung versehen, wie etwa einer FCKW-freien Klimaanlage, einem Pollen- und Geruchsfilter, einer Stereoanlage mit CD-Player und sechs Lautsprechern, Getränkehaltern, einer Alarmanlage, Halogenscheinwerfern, Scheibenbremsen rundum und einer Wegfahrsperre mit Fernbedienung. Zum Sonderzubehör zählen u.a. ein ABS-Bremssystem, Aluminiumfelgen, Tempomat, Ledersitze, integrierte Nebelscheinwerfer, beheizbare Vordersitze und elektrische Fensterheber.

Die bei der Entwicklung mit Vorrang behandelten modernen Einrichtungen zur Fahrgastsicherheit umfassen energieschluckende Verformungszonen, Sicherheitsgurte mit Gurtkraftbegrenzern vorne, Nackenstützen vorne und hinten, Positionsleuchten, zwei Airbags und Seitenairbags in den Vordersitzen.

Der auf dem neuen Golf-Chassis – dem europäischen Bestseller – basierende New Beetle genügt höchsten Ansprüchen. Dies zeigt sich deutlich in seiner soliden, aus einem Guß wirkenden Erschei-

Dieser New Beetle wurde in Los Angeles signiert.

nung, die auf die geringen Spaltmaße bei der Fertigung zurückzuführen ist. Durch Verwendung modernster Produktionstechnologien wie dem Laserschweißen hat Volkswagen dem New Beetle eine einzigartige Verwindungs- und Karosseriesteife verliehen. Seine voll verzinkte Karosserie ermöglicht eine 12jährige Garantie gegen Korrosion oder Durchrosten.

Clive Warrilow, der Präsident und CEO von Volkswagen of America, sagte: »Einige haben ein Retro-Auto erwartet, aber wie Sie sehen können, besitzt der New Beetle ein vollkommen neues, fast futuristisches, Design. Er soll sowohl Menschen ansprechen, die sich gerne an die Vergangenheit erinnern, als auch junge Leute, die keinerlei Beziehung zum Original haben. Wo das Original einfache Fortbewegung bot, ist der New Beetle ein gehobenes Lifestyle-Produkt.«

Volkswagen verteilte in Detroit 1000 spezielle Pressepakete. Diese bestanden aus einem schwarzen Stoffbeutel mit dem New Beetle Logo auf der Vorderseite. Darin befanden sich, neben einer Presseerklärung, Fotografien und Dias, eine CD mit dem Titel »Dream the same Dream« – sie enthielt das

Musikstück, das auf der Vorstellungsshow gespielt wurde – und eine Kunststoffvase für das Armaturenbrett des New Beetle. Dazu gehörte ein Metallständer mit aufgeprägtem Logo.

Am selben Tag der Enthüllung in der Cobo Hall in Detroit stellte VW den Wagen auch auf der Automobilausstellung in Los Angeles vor. Teil der Veranstaltung war ein Kartenspiel, an dem alle Besucher teilnehmen konnten. Die Gewinner erhielten die Gelegenheit, ihre Unterschrift auf einem schwarzen New Beetle zu verewigen, der später in einem VW-Museum ausgestellt wurde. Außerdem gab es eine vierspurige Modellrennbahn mit VW Golfs. Die Rundensieger wurden in einem roten New Beetle sitzend fotografiert und konnten das Foto anschließend in einem Bilderrahmen in Form eines Beetle mit nach Hause nehmen. Diese Veranstaltung sollte vor allem Spaß machen.

Der New Beetle lockte die unterschiedlichsten Menschen an den Stand, und alle waren begeistert. Unter ihnen befand sich auch ein ganz bestimmter langjähriger VW-Enthusiast namens Blue Nelson aus dem kalifornischen Marina Del Rey, der gehört hatte, daß der kanadische Start des New Beetle vier Tage später, am 9. Januar, in Vancouver stattfinden sollte. Er ließ sofort alles stehen und liegen und

Der erste öffentliche Auftritt.

Der 9. Januar 1998 – die Präsentation in Vancouver.

buchte einen Flug nach Vancouver. Seine Beziehung zum New Beetle sollte nicht damit enden, daß er einer der wenigen Enthusiasten war, die zwei Vorstellungen besuchten … aber darüber später mehr.

Der Stand von Volkswagen Canada Inc. bestand, wie der in Los Angeles, aus einer rotierenden Bühne mit einem New Beetle in Metallic-Blau, aber wie schon zuvor war es wegen der sie belagernden Menschenmenge ausgesprochen schwer, an das Fahrzeug heranzukommen. Man hatte also ein zweites Fahrzeug davor aufgestellt, das die Besucher zum Probesitzen einlud. Das einzige Problem bestand nur darin, daß die Warteschlange so lang war! Auch in Vancouver war die gleiche Begeisterung zu spüren, die man schon in Detroit und LA beobachten konnte, und die VW-Vertreter am Stand hatten alle Hände voll zu tun, die vielen Bestellungen entgegenzunehmen. Nach vier Jahren begeisterter Berichterstattung in den Medien war die Markteinführung des New Beetle die beste Publicity, die sich das Unternehmen wünschen konnte. Die Presse war vollkommen aus dem Häuschen!

Der New Beetle war in aller Munde. Man berichtete über ihn nicht nur in der Motorpresse, sondern auch in lokalen und nationalen Magazinen sowie weltweit im Fernsehen. In Großbritannien war die Markteinführung sogar der Sendung *News at Ten* des großen Senders *Independent Television News* einen Teil der kostbaren Sendezeit wert. Dies allein demonstriert seine Großartigkeit, fällt es doch schwer, sich an eine andere Gelegenheit zu erinnern, zu der Volkswagen in diesem Programm eine

Rolle spielte. Dem New Beetle gebührt auch die Ehre eines der ersten, wenn nicht gar das erste Auto zu sein, dessen Markteinführung auch im Internet behandelt wurde.

Die New Beetles hielten sich das ganze Jahr über in den Nachrichten, aber die Berichterstattung in den Medien war nur die Spitze des Eisbergs. Das schon zuvor beachtliche öffentliche Interesse sollte sich noch steigern, und es kann bezweifelt werden, ob VW für diese neue »Beetlemania« gerüstet war. Die Reaktion auf das neue Auto war überwältigend und in einigen Fällen auch sehr emotional. Amerika wollte diesen Wagen kaufen, und das sofort. Die Menschen rissen sich darum, der erste im Lande, der erste in der Region, der Stadt, der Straße zu sein, der einen New Beetle besaß. Natürlich hatten einige ganz Fixe schon ihren Namen auf die Bestelliste gesetzt, während andere noch nach einem VW-Händler suchten, der noch keine gar so lange Warteliste hatte. Bei den meisten Händlern lagen 50 oder 60 Bestellungen vor, aber bei vielen lagen die Zahlen auch weit höher. Einige mußten mit Hunderten von Bestellungen fertig werden!

Die ersten Verkäufe

Der New Beetle war grundsätzlich für den amerikanischen Markt entworfen worden, und so war Amerika auch das erste Land, das den Wagen erhielt. VW wollte die erste Lieferung von 4000 Wagen bis Ende März an die 599 Vertragshändler in Nordamerika ausgeliefert haben. Der Rest der Welt würde wohl noch weitere sechs Monate warten müssen. Viele der Kunden auf den langen Wartelisten waren bereit, mehr als den »Straßenpreis« zu zahlen, um einer der ersten zu sein, die in diesem vielbeachteten VW gesehen wurden.

Der »empfohlene Verkaufspreis« für die 2,0-Liter-Version betrug laut Volkswagen $15 200, und der Diesel stand mit $16 475 in der Liste, wobei in beiden Fällen noch $500 Fracht hinzugerechnet werden mußten. Dazu kamen Steuern, Händlerprovision, Zulassungsgebühren und alle Extras.

Alle Wagen der ersten Lieferung waren mit dem optionalen Sportpaket für $410 ausgestattet, das aus Nebelscheinwerfern und Aluminiumfelgen sowie den Komfortpaketen mit elektrischen Fensterhebern und Tempomat bestand. Damit lag der »Straßenpreis« der ersten Lieferung bei rund $17 000. Kaum hatte aber

Clive Warrilow, der Präsident von VWOA, in Detroit.

Das Pressepaket ist bereits ein Sammlerstück.

diese erste Lieferung die Ausstellungsräume der Händler verlassen, wurden die stolzen Besitzer auf der Straße angehalten, und man bot ihnen einen höheren Preis, wenn sie den Wagen direkt wieder verkauften. In einigen Fällen sollte diese Gewinnspanne bis zu $10 000 betragen! Amerika war wirklich verrückt auf den New Beetle. Wenn ein VW-Händler einen unverkauften Wagen im Fenster stehen hatte, überboten sich die Kaufwilligen gegenseitig mit Angeboten. In vielen Fällen lehnten sich die Verkäufer einfach zurück und schauten zu, wie die Preise stiegen, während sie in anderen zu Schiedsrichtern wurden und die ausbrechenden Auseinandersetzungen auflösten! Gerüchteweise sollen sich zwei Interessenten so lange über den Preis gestritten haben, daß ein dritter hereinkam und den Wagen bei einem anderen Verkäufer erwarb. Bei anderen Händlern gerieten die potentiellen Käufer derart in Rage, daß man sie vom Grundstück weisen mußte. Einige Leute waren sogar so heiß auf einen Beetle, daß sie den Autotransportern bis zum Händler folgten.

Die Nachfrage bereitet Probleme

Wie bei allen begehrten Produkten, so gab es auch hier einige gerissene Geschäftemacher, die Profit witterten. Folgerichtig dauerte es nicht lange, bis man New Beetles bei nicht autorisierten Händlern zu überhöhten Preisen erwerben konnte. Auch das Internet spielte eine Rolle, und schon bald tauchten Anzeigen für ein »schlüsselfertiges« Auto für über $20 000 auf. Natürlich kommt man auf diese Weise schnell zu einem Wagen, aber es ist auch sehr wahrscheinlich, daß man dann auf sämtliche Herstellergarantien verzichten muß. Während viele VW-Händler sich bei Preisen von über $20 000 eine goldene Nase verdienten, konnte Volkswagen of America nichts gegen die Beetlemania tun.

In der Zwischenzeit können die ersten stolzen Besitzer eines New Beetle – etwa Jeff Grewing aus Sacramento, Randy Carlson aus Brea, Bill Kessler aus Detroit, Pamela Brown aus Cleveland, James Howard aus Kansas City, Brian Burrows und Luke Theochari aus London und Romano Schmidt aus Deutschland – sich in den bewundernden Blicken der anderen Verkehrsteilnehmer sonnen.

In Hinblick auf die Werbung setzte Volkswagen auf Anzeigen zum Schmunzeln. Wie bei den ursprünglichen Kampagnen von Doyle Dayne und Bernbach beschränkte sich Volkswagen of America auf einfache Aussagen, um ihre Werbebotschaft zu vermitteln. Eine dieser Anzeigen trug den Titel: »Nought to 60? Yes!« (»Von Null auf 100? Ja!«) Eine andere interessante Idee war die Textzeile »What colour do you dream in?« (»In welcher Farbe träumen Sie?«) oder »One for each day of the week« (»Einer für jeden Tag der Woche«) neben einem Bild eines New Beetle in jeder lieferbaren Farbe. Andere nette Werbeslogans lauteten: »A work of art with side impact airbags ... and a bud vase« (»Ein Kunstwerk mit Seitenairbags ... und einer Blumenvase«) und »The engine's in the front, but its heart's in the same place« (»Der Motor sitzt vorne, aber das Herz sitzt immer noch auf dem rechten Fleck«).

Eigentlich muß VW gar nicht allzu viel Werbung treiben. Darum haben sich bereits die Medien gekümmert. Tatsächlich ist schon jeder New Beetle auf der Straße Werbung genug. VW hat etwas Einzigartiges und Unverwechselbares geschaffen, das sich im Gegensatz zu den anderen Modellen deutlich von der Masse abhebt. Oder wie oft haben Sie sich schon gefragt, von welcher Marke ein neues Auto wohl sein mag, und waren dann überrascht, als Sie das Logo auf dem Kofferraum gesehen haben? Es ist doch relativ unwahrscheinlich, daß einem das mit einem New Beetle passiert!

Die Postkarte sagt es, wie es ist.

Der europäischen Presse wurde der New Beetle vom 2. bis 6. November 1998 im Wolfsburger Werk vorgestellt – nur wenige Glückliche wurden zu diesem Ereignis eingeladen. VW flog die Journalisten nach Hannover und transportierte sie dann mit VW-Bussen vom Flughafen nach Wolfsburg. Nach einem Brunch in der Vorstandskantine erhielten wir die Gelegenheit einen 1,9 TDI oder ein 2,0-Liter Euromodell für eine 45-minütige Testfahrt zu besteigen.

Der Euro Beetle unterscheidet sich in vielerlei Hinsicht vom amerikanischen Modell, was hauptsächlich auf die unterschiedlichen Gesetzesbestimmungen zurückzuführen ist. So haben die Scheinwerfer zum Beispiel Seitenlichter, und die in den USA kombinierten Positionsleuchten und Blinker sind einfach nur Blinker. Darüber hinaus ist der Euro Beetle mit seitlichen Zusatzblinkern unter den Außenspiegeln ausgestattet. Der hintere Stoßfänger ist so ausgelegt, daß er längere und schmalere Kennzeichen aufnehmen kann; die Positionslampen sind nicht mehr vorhanden. Einer der Rückfahrscheinwerfer ist einer Nebelschlußleuchte gewichen. Ein besonders ansprechendes Feature sind die neuen Signets – sowohl das vordere als auch das hintere Signet bestehen jetzt aus einer Chromplatte mit dem weißen VW-Logo in Emaille auf dunkelblauem Emaillehintergrund.

Ab dem amerikanischen '99er Modell hat VW ein gläsernes Schiebedach als Sonderzubehör angekündigt. Weitere Extras waren u.a. ein Tempomat und ein Dachgepäckträger. Es wurden auch zwei neue pastellene Karosseriefarben angekündigt: »Lemon Yellow« und »Cameo Blue«. Die europäischen Modelle wurden ab November 1998 verkauft.

Das wohl bemerkenswerteste Sonderzubehör für die europäischen New Beetles war das ESP, das elektronische Stabilitätsprogramm. Dabei handelt es sich um ein System, das »zuverlässig unerwünschtes Über- und Untersteuern im fahrdynamischen Grenzbereich verhindert«. Die aufregendste Meldung aber war eine Pressemeldung, der zufolge für das Jahr 1999 eine zusätzliche Antriebseinheit in Form eines 115-kW-V5-Motors mit 2,3 Litern Hubraum geplant war, die die neue Spitze in der Motorisierung darstellen sollte.

Nach einer abendlichen Präsentation durch den Vorstand gab VW die wohl bemerkenswerteste Einführungsparty aller Zeiten. Diese Show im Stil der 60er Jahre bot u.a. Stücke aus dem Musical »Hair« sowie eine Beatles Revival Band. Diese Markteinführung wird mir unvergeßlich bleiben.

5

Auf der Straße

Autos werden nicht gebaut, damit man nur über sie spricht, sie sollen gefahren werden, und zwar möglichst sicher. Nun sind aber auch Dinge mit Stil und Charisma gefragt – und mit einem New Beetle steht man im Straßenverkehr schnell im Mittelpunkt.

Es gibt nicht viele Autos, die eine solche Aufmerksamkeit erregen wie der New Beetle. Sind Sie schon jemals durch eine Stadt gefahren, und die Leute haben auf Sie gezeigt, Ihnen zugewinkt, applaudiert oder Ihnen etwas zugerufen? Wenn das der Fall ist, sind Sie entweder eine prominente Persönlichkeit oder Sie fahren einen New Beetle. Dieser Wagen kann wirklich Köpfe verdrehen. »Schau mal, der New Beetle«, werden Sie die Leute rufen hören. Und selbst mit geschlossenen Fenstern können Sie es von ihren Lippen ablesen. Mir ist dies noch in keinem anderen Wagen passiert. Wenn Sie keine Aufmerksamkeit wünschen oder unter Verfolgungswahn leiden, sollten Sie auf keinen Fall einen New Beetle fahren – zumindest noch die nächsten paar Jahre nicht!

Ein phänomenaler Eyecatcher!

Im Verkehr sprechen andere Fahrer Sie an, hupen oder lächeln einfach nur und zeigen Ihnen den erhobenen Daumen. Beim Tanken fragt der Tankwart Sie, wie sich der Wagen fährt und ob Sie ihn mögen. Wenn Sie irgendwo anhalten, werden Sie von Passanten umringt, die sich Ihren Beetle ansehen. Fremde werden auf Sie zukommen und Ihnen von ihrem heißgeliebten Käfer erzählen, den sie einmal besessen haben. Andere werden sogar versuchen, Sie zu einer Spritztour zu überreden.

Auf freier Strecke macht der New Beetle richtig Spaß.

Es scheint keine Rolle zu spielen, ob es sich dabei um einen Studenten, eine Geschäftsfrau, ein Rentnerehepaar oder eine junge Mutter handelt – sie alle scheinen genau zu wissen, was das für ein Auto ist. Man wäre versucht, das auf die starke Medienpräsenz zurückzuführen, aber es ist doch recht zweifelhaft, ob eine gute Presse allein für jeden bewundernden Blick verantwortlich ist. Sie erkennen den New Beetle auf den ersten Blick – es kann gar nichts anderes sein. Volkswagens geniale Idee hat sich auf verblüffende Weise ausgezahlt!

Wirklich interessant wird es aber erst, wenn die Menschen einen genaueren Blick auf den New Beetle werfen können. Viele empfinden ihn als »größer« als sie erwartet haben. Die meisten finden ihn hübsch oder niedlich; ich selbst habe nur wenige getroffen, die ihn wirklich häßlich gefunden haben! Nach dem Einsteigen äußern sich die meisten zuerst über das Armaturenbrett. Während sie sich nach vorne lehnen und es berühren, hört man in der Regel Sätze wie: »Das wirkt wirklich groß!«

Die Metalliclackierung verleiht dem New Beetle zusätzlichen Chic.

oder »Wow! Das Armaturenbrett ist riesig!« Als nächstes fällt ihnen die großzügige Kopffreiheit auf; sie reichen nach oben und sagen »Das ist aber hoch« oder aber »Hier drin könnte man einen Zylinder tragen«.

Ein Negativum scheint der Kunststoffhimmel zu sein, der an der C-Säule herabgezogen ist: »Das mag ich nicht. Es fühlt sich irgendwie seltsam neben meinem Kopf an.« Das unbeliebteste Merkmal aber war die Rahmenverkleidung unterhalb von Seiten- und Heckfenster, die in einem unschönen Rotton gefärbt ist.

Das vorherrschende Gefühl dem New Beetle gegenüber ist auf jeden Fall positiv. In praktisch allen Fällen mochten die Menschen nicht nur das Aussehen des Autos, sie verpürten auch das große Bedürfnis, es zu berühren wie ein Wunder. Es war, als würden sie einen alten Freund wiedertreffen.

Die Fertigungsqualität ist grundsätzlich hoch.

Erste Eindrücke

Wenn Sie die Schlüssel des New Beetle in der Hand halten, kommen Sie sehr schnell hinter seine Vorzüge, aber auch seine Mankos. Bei einem ersten Rundgang wirken die Linien, die engen Fugen und die glatten Übergänge wie zum Beispiel die eingelassenen Scheinwerfer und Heckleuchten sehr ansprechend. Die leichte Farbabweichung der Außenspiegel fällt allerdings negativ auf. Beim Einsteigen offenbart sich die zweite Enttäuschung – falls man an eine Zentralverriegelung gewöhnt ist. Die Fernbedienung im Schlüssel – die die Hupe als eine Art Panikalarm auslösen sowie den Diebstahlalarm scharf schalten und die Türen verriegeln kann – hat einen Nachteil: Sie öffnet nur die Fahrertür! Um die Beifahrertür zu öffnen, müssen Sie entweder die Fahrertür zweimal mit dem Schlüssel »aufschließen« oder sie mit Hilfe der Fernbedienung öffnen und dann hineinlangen und den Schalter für die Zentralverriegelung betätigen. Beide Optionen sind nur wenig komfortabel, wenn der Beifahrer indessen im Regen steht! Die Heckklappe kann man entweder von innen mit einer recht hübschen, an der Fahrertür angebrachten Fernentriegelung mit aufgedrucktem New-Beetle-Logo öffnen, oder man schwenkt das hintere VW-Signet beiseite und öffnet das darunterliegende Schloß mit dem Zündschlüssel von außen.

Wenn man das erste Mal hinter dem Lenkrad sitzt, fällt einem eines sofort auf – das Armaturenbrett. Es ist riesig! Der Fahrer kann die Windschutzscheibe nicht erreichen. Es ist sogar zweifelhaft, ob dies einem Orang Utan gelingen würde! Das Armaturenbrett sieht aber wirklich interessant aus. Man könnte denken, man schicke sich zu einer Reise in einem Raumschiff an, statt zu einer Fahrt in einem Auto. Die verwendeten Materialien, insbesondere die in der hervorgehobenen Mittelkonsole mit Stereoanlage, Luftauslässen und verschiedenen Kontrollen, sehen weder besonders gut aus, noch fühlen sie sich gut an. Das ist eher traurig, da das Armaturenbrett der Teil des Autos ist, den der Fahrer

Ohne Nebelleuchten sieht der Wagen ganz anders aus.

am häufigsten sieht. Ich meine, hier hätte VW Materialien verwenden sollen, die etwas sportlicher und edler wirken, etwa Kohlefaser, die das Armaturenbrett zu einem echten Blickfang gemacht hätte.

Lenkrad und Haltegriff für den Beifahrer fühlen sich zufriedenstellend an, obwohl sie aus dem gleichen Kunststoff bestehen. Hinter dem Lenkrad und vor dem Beifahrer sind die Oberflächen angerauht und sehen ansprechend aus. Hinter diesen Flächen findet man wieder glatten Kunststoff, der aus irgendeinem Grund abgeflacht ist. Viele Leute sind der Ansicht, daß dies eine großartige Ablagefläche ergeben hätte, auch wenn man sich sehr weit vorbeugen müßte. Statt dessen ist es eine Sonnenfalle und erzeugt an einem sonnigen Tag eine starke Reflexion in der Windschutzscheibe, die äußerst störend sein kann. Zumindest bietet das '99er Modell eine Brillenablage.

Man kommt nicht umhin, das einzelne Rundinstrument zu mögen, das den Tachometer, die Tankuhr und die beiden Kilometerzähler beherbergt. Es ist funktional, ohne auch nur im geringsten schwer ablesbar zu sein. Hier finden sich auch die Warnleuchten, die darüber informieren, ob das Licht eingeschaltet ist, die Blinker gesetzt sind, die Kofferraumklappe geschlossen ist und so weiter. Bei den '99er Modellen sitzt die Uhr, gut durchdacht, im Rückspiegelfuß.

Die vielbesprochene Blumenvase und ihre Positionierung erfüllen leider nicht die Erwartungen. Auch sie wirken etwas billig. Die Stereoanlage allerdings ist in Design und Leistung großartig und leicht

39M 761

zu bedienen. In ergonomischer Hinsicht ist sie ein voller Erfolg. Alle drei Belüftungsregler sind leicht zu bedienen, was auch für die Klimaanlage und die Belüftungshebel gilt. Es bleibt nur zu hoffen, daß die Klimaanlage auf einzelnen Märkten nicht aus der Grundausstattung genommen wird, da sie das schnelle und sichere Freiblasen der Windschutzscheibe erheblich vereinfacht.

Wenden wir uns nun den Türen zu, ohne uns mit den unseligen Rahmenverkleidungen aufzuhalten. Die Bedienelemente sind auch hier sehr übersichtlich angeordnet. Die elektrische Rückspiegelverstellung sitzt in den Rahmenverkleidungen, vor dem Verriegelungsschalter und dem verchromten Türöffner. Darunter liegt die Türverkleidung selbst, die angenehm mit den Linien des Armaturenbretts harmoniert. Die Verkleidung auf der Fahrerseite beherbergt die Fernentriegelungen zum Öffnen der Tankklappe und des Kofferraums sowie die Schalter für die elektrischen Fensterheber oder eine Fensterkurbel. Darunter finden sich die Netztaschen, die ausreichend Platz für ein Handy, eine Audiokassette und eine Zigarettenschachtel bieten, auch wenn kein Aschenbecher zur Grundausstattung gehört. Ab dem '99er Modell lassen sich die Außenspiegel mit einem praktischen Joystick justieren.

Individuelle Einstellung

Die an der Lenksäule angebrachten Schalter und Regler für Blinker, Scheibenwischer, Licht und Armaturenbeleuchtung lassen sich leicht bedienen. Viele dieser Komponenten stammen von deutschen Zulieferern, während die Sicherheitsgurte aus Österreich kommen.

Die Vordersitze bieten Fahrer und Beifahrer eine große Auswahl an Sitzpositionen. Seitlich angebracht befindet sich ein Hebel zur Höhenverstellung des Sitzes. Die Rückenlehne kann ebenso reguliert werden wie die Entfernung vom Armaturenbrett. Mit etwas Mühe läßt sich eine ideale Sitzposition finden, insbesondere, da auch die Lenksäule vertikal und horizontal verstellbar ist. Auch die Kopfstützen funktionieren gut, besonders die '99er Versionen. Man kann tatsächlich während der Fahrt den Kopf anlehnen.

Die Kniefreiheit im Fond ist auch für größere Passagiere noch angemessen, obwohl Erwachsene sich sicher am wohlsten auf kurzen Strecken fühlen. Kinder werden hingegen überhaupt keine Probleme auf den Rücksitzen des New Beetle haben. Die Rücklehnen können umgelegt werden, um zusätzlichen Stauraum zu schaffen, auch wenn die Breite des Durchgangs zum Kofferraum aus optischen Gründen beschränkt ist. Die hinteren Sitzplätze bieten im '99er Modell Leselampen, was einem lesehungrigen Mitfahrer sicher sehr entgegenkommt.

Zwischen den Sitzen sind drei Becherhalter in die Mittelkonsole eingelassen. Sie sind fest montiert und können nicht zur Reinigung herausgenommen werden. Auch hier wirkt das verwendete Material eher zweitklassig. Der kräftige Hebel für die Handbremse bietet einen guten Griff und ist mit einem großen Chromknopf versehen. Er verschwindet in der Mittelkonsole, anstatt prägnant hervorzustehen.

Ein hinreißendes Auto, eine hinreißende Skyline!

In Fahrt

Den New Beetle zu fahren ist auch ohne die Aufmerksamkeit von außen wirklich aufregend. Man kann den Wagen allerdings nicht anlassen, ohne das Kupplungspedal zu treten! In der 2,0-Liter-Version mit ihren 115 PS ist der Wagen nicht besonders schnell, aber dafür liefert der 1,8-Liter-Turbodiesel aufregende 150 PS. Das Fahrgeräusch ist wirklich sehr leise. Die Federung ist komfortabel, ohne zu weich zu sein, und das Handling geht auch in engen Kurven gut vonstatten.

Allerdings können enge Kurven zu einem anderen Problem führen, da die A-Säulen und die sehr hoch angebrachten Außenspiegel einen toten Winkel schaffen. Dieses Hindernis läßt sich nicht überwinden, und so muß man sich damit arrangieren. Das Design sorgt dafür, daß sich der Fahrer aus dem gleichen Grund auch an die recht massiven C-Säulen gewöhnen muß. Während also die Schrägsicht etwas eingeschränkt ist, ist die Sicht nach vorne, hinten und zur Seite hervorragend. Der Fahrer des

New Beetle muß auch damit zurechtkommen, daß die Windschutzscheibe weit weg ist und daß alles jenseits liegende bestenfalls zu erahnen ist. So kann es schon einmal schwierig werden, die Breite des Wagens und die exakte Position des vorderen Stoßfängers zu bestimmen, zumindest am Anfang. Das Einparken erfolgt daher am besten mit einer gewissen Umsicht.

Der Wagen ist sehr komfortabel, und selbst nach 500 Kilometern stellt sich höchstens eine leichte Ermüdung ein. Einigen wenigen waren die Sitze zu straff gepolstert, aber die standen mit ihrer Meinung allein auf weiter Flur. Eine der ersten Fragen zum New Beetle war, ob er wie sein Urahn nervös oder seitenwindanfällig sei. Die Antwort fällt in beiden Fällen negativ aus. Der Wagen fährt mit der gleichen leichtfüßigen Sicherheit wie der Golf, mit dem er das Fahrgestell teilt. Selbst bei Geschwindigkeiten über 160 km/h fühlte sich der New Beetle auf langen Strecken mit reichlich Seitenwind völlig sicher an. Zwar wirkte das Heck bei hohen Geschwindigkeiten leichter, aber das störte zu keinem Zeitpunkt. Zum Glück sind die – im '99er Modell mit ABS ausgerüsteten – Scheibenbremsen an allen vier Rädern sehr gut. Die Bremskraft ist gut, auch bei einer Notbremsung.

Das Auto, in dem man gesehen wird.

Bald muß man das Licht einschalten – eine gute Nachricht für den Fahrer!

Dank der phantastischen Instrumentenbeleuchtung ist es für viele Besitzer eines New Beetle sogar noch aufregender, den Wagen bei Nacht zu fahren. Der erste Blick auf die Armaturen bei Dunkelheit löst in der Regel ein »Wow!« aus. Die Skalen der Instrumente und des Radios leuchten in einer Art Neon-Blau. Die Nadeln von Tachometer und Drehzahlmesser und die Kontrollampen glühen rot.

Gegen Aufpreis kann man aus einer reichen Auswahl an Sonderzubehör schöpfen, das größere Leistung und größeren Stau- und Innenraum bietet – aber entscheiden Sie sich nur für Dinge, die auch im täglichen Betrieb ihren Sinn erfüllen. Letzten Endes kommt es auf das Auto an und nicht auf Extras. Wenn Sie sich von der Masse abheben wollen, müssen Sie einen New Beetle haben. Sonst nichts.

THE WESTIN

6

Modifikationen

Schon am gleichen Tag, als der New Beetle an die Kunden ausgeliefert wurde, begann der Wettlauf um Modifikationen. Dieses Phänomen war jahrzehntelang Teil der Käfer-Kultur, wobei man hier zwei verschiedene Felder der Modifikation unterscheiden muß. Das eine konzentriert sich auf die Leistung, das andere bedient die Freunde der klassischen VW-Optik.

Von Beginn an boten Fremdhersteller jedes nur denkbare Teil zum Umbau des alten Käfers an. Dazu zählte auch die Blumenvase, die heute Teil der Grundaustattung ist. In den 1950ern offerierten deutsche Firmen wie Rosenthal Porzellanvasen für den Käfer, die sehr beliebt waren. Heutzutage wird so mancher Käfer-Enthusiast lieber viel Geld für eine echte Rosenthal-Vase ausgeben, als sich mit einer billigen Reproduktion zufriedenzugeben. Ein anderes seinerzeit erhältliches Zubehör war der hölzerne Dachgepäckträger, der heute ebenfalls gesucht und als Reproduktion erhältlich ist. Eine Firma aus Utah namens »Parts« bietet sogar bereits einen hölzernen Gepäckträger für den New Beetle an, und es sind noch viele andere Zubehörteile im Stil des alten Käfer in Vorbereitung.

Randy Carlsons New Beetle auf CEC-Leichtmetallfelgen.

Auch der Markt für Leistungsteile für den New Beetle verspricht ein gutes Geschäft zu werden. Die Ehre des Vorreiters gebührt Randy Carlson. Er widmete sich seinem metallicblauen New Beetle und begann ohne Zeit zu verlieren mit den Modifikationen. Der Wagen stand schon bald auf CEC 18 x 8,25 Zoll-Leichtmetallrädern mit

McKennas Flammen-Beetle – die erste Custom-Lackierung.

235/40 18 Pirelli-P7000-Reifen und war mittels verbesserter Federn von Eibach um 1,25 Zoll tiefergelegt. Die Radaufhängung wurde mit verbesserten Drehstabilisatoren aufgerüstet. Das serienmäßige Endrohr des Auspuffs wurde gegen eine Einheit von Remus ausgetauscht. Seit dieser Zeit sind noch zahlreiche andere kleine Tricks hinzugefügt worden, und es sieht nicht so aus, als würde er bald damit aufhören. Randy hat auch den New Beetle Club gegründet, der in Kalifornien beheimatet ist und sich großen Zulaufs erfreut. Falls Sie zu den glücklichen New-Beetle-Besitzern zählen, können Sie die Adresse – neben anderen nützlichen Adressen – im Datenteil des Buchs finden.

Als nächster sprang ein VW-Handelshaus namens »McKennas VW« im kalifornischen Huntington Beach auf den Zug auf und baute einen New Beetle im Stil eines Hot Rod um. McKennas nahm einen schwarzen Wagen und ließ ihm bei einer Lackiererei ein Flammenmuster im Stil der 1950er von den vorderen Kotflügeln bis hinter die Türen verpassen. Das Ergebnis war, gelinde gesagt, erstaunlich – erst

Dieser geflammte New Beetle paßt zu Randy Zelanys anderem Wagen, einem Original-Käfer!

recht, nachdem die Firma dem Wagen noch einen Satz verchromter 17 Zoll großer Leichtmetall-Speichenräder von Alba spendiert hatte. Das Flammenmuster schien sich im ganzen Land zu verbreiten, und ein anderer Beetle-Besitzer lackierte seinen schwarzen Wagen mit orangefarbenen Flammen, damit er zu seinem 1961er Käfer paßte.

Sie haben aber einen weißen New Beetle? Wie wäre es denn mit orangeroten Flammen und orangefarbenen Leichtmetall-Speichenrädern? – Zu spät, das hat schon einer! Und was ist mit dem guten alten Herbie-Outfit für den weißen New Beetle mit einem roten und einem blauen Längsstreifen über dem Dach und der berühmten Nummer 53 auf Türen und Haube? Wieder zu spät! Brian Burrows, Organisator von VW-Events, hat als erster Privatmann einen New Beetle von Kanada nach Großbritannien importiert. Es genügte ihm nicht, den ersten New Beetle im Lande zu besitzen – er wollte auch der erste sein, der einen New Beetle in einem Rennen fährt. Der Wagen traf am Mittwoch, dem 25. April, in Großbritannien ein. Am Donnerstag wurde er schon umgebaut, erhielt einen Feuerlöscher und einen Killschalter für die Batterie. Dann ließ Brian ihn beschriften und mit Streifen versehen. Da er das Ganze im voraus geplant hatte, hatte er sich auch schon die Startnummer S 53 in der Street Class Championship des britischen Volkswagen Drag Racing Club gesichert, so daß die Herbienummer offiziell war. Dann wurde der Wagen zur Avon-Park-Rennstrecke gefahren, wo er am Samstag morgen als erster New Beetle am Wettbewerb teilnehmen sollte. Er legte die Viertelmeile in 18,37 Sekunden zurück, was kaum erstaunt. Aber werfen wir hierzu doch einmal einen kurzen Blick in das Handbuch: »Während der ersten Betriebsstunden ist der interne Reibungswiderstand des Motors höher als später, wenn sich alle beweglichen Teile eingelaufen haben. Wie gut dieser Einlaufprozeß verläuft, hängt zu einem großen Teil von der Art ab, wie der Wagen während der ersten 1000 Kilometer gefahren wird. Als Faustregel gilt: Geben Sie kein Vollgas. Fahren Sie nicht schneller als zwei Drittel der Höchstgeschwindigkeit. Vermeiden Sie hohe Drehzahlen.« Brian hat diese Anleitung wirklich buchstabengetreu befolgt…

Brian Burrows Herbie war der erste im Rennen.

Das »VW-Adventure«

Eine weitere Premiere für den New Beetle war das VW-Adventure, eine Reise entlang der berühmten Route 66 von Kalifornien nach New York. Die Idee hatte Blue Nelson, der, wie schon erwähnt, die Veranstaltungen in Los Angeles und Vancouver besucht hatte. Er tat sich mit dem Schuhfabrikanten Eric Meyer zusammen, VW-Oldtimer-Enthusiast wie er, und das Abenteuer begann. Die Reise fand bei vielen lokalen Tageszeitungen entlang der Strecke große Beachtung, und es gab zusätzlich ein tägliches Update auf einer eigenen Seite im World Wide Web. Im August 1998 verfrachtete Blue Nelson den silbernen Wagen – der auch als Testplattform für viele Zubehörprototypen diente – nach Großbritannien zum zweiten Abschnitt des VW-Adventure. Mittlerweile schmiedet Blue Pläne, den Wagen durch ganz Europa und hoffentlich auch den Rest der Welt zu fahren.

Im Sommer 1998 kamen in Amerika die ersten Leistungsmodifikationen für den New Beetle auf den

Kristen Short aus Las Vegas mit ihrem Kompressor-Beetle.

Markt. Firmen wie Autobahn Designs (ABD) brachten Heckspoiler für die Montage unter dem Heckfenster heraus sowie kleinere zusätzliche Spoiler für die Ecken des vorderen Stoßfängers. Darüber hinaus widmete sich ABD der Feineinstellung und Verbesserung des Motors. Als Ersatz für die serienmäßige Luftfilterbox bot ABD einen optimierten Filter mit einem Schaumeinsatz an. Der glatte Kunststoffdeckel des Motors mit dem VW-Logo und dem 2,0-Emblem wurde von ABD in einer Kohlefaserversion nachgebildet und verleiht dem Serienmotor eine Rennsportoptik. Außerdem offeriert ABD eine Reihe schärferer Nockenwellen und wird noch weitere Produkte für den New Beetle entwickeln.

Die jüngsten Produkte für den New Beetle umfassen Abdeckhauben, Sonnenschutzmatten für das Armaturenbrett, Heckschürzen und Motorhauben mit aggressiven Hutzen. Es heißt auch, daß VW selbst einiges an aufregenden Accessoires herausbringen will.

Dann ist da natürlich noch VWs 1,8T, den VWOA 1999 in Detroit präsentieren will. Bei der turbogeladenen 1,8-Liter-Maschine mit zwanzig Ventilen handelt es sich um den gleichen preisgekrönten Motor, der auch Audis A4, den Passat und den Golf 4 antreibt. Bei 5700 Umdrehungen liefert der Motor 150 PS, also 45 PS mehr als der serienmäßige 2,0-Liter-Benziner, der 115 PS bei 5500 Umdrehungen abgibt. Die neue Maschine ermöglicht eine Spitzengeschwindigkeit von 202 km/h. Die Bezeichnung steht zwar zum Zeitpunkt der Erstellung dieses Buches noch nicht endgültig fest, aber es ist wahrscheinlich, daß das Modell mit der 1,8T-Maschine auf den Namen New Beetle GTi hören wird.

Es kursieren auch Gerüchte über einen Allradantrieb auf Basis der VR5- oder VR6-Maschine. Aber es gibt auch einige New Beetle-Besitzer, für die das Warten auf eine stärkere Motorvariante keine Option darstellt, und hier kommt die Firma »Dr. Boltz« im kalifornischen Hermosa Beach ins Spiel. Das Unternehmen hat sich auf das Straßen- und Renntuning für VW, BMW und Porsche spezialisiert und sieht nun auch einen Markt für Modifikationen des New Beetle. Dr. Boltz' erster Umbau trug den Namen »Project Number 1« und besaß ein turbogeladenes 2,0-Liter-Aggregat, das 200 PS lieferte. Die Installation war sehr präzise ausgeführt. Der Turbolader-Kit ist nun auf dem Markt und kostet rund

Dr. Boltz' »erster« New Beetle VR6 – beachten Sie den erweiterten Stoßfänger hinten!

$2000 zzgl. Einbau. Nun kann man nicht einfach seinen New Beetle mit zusätzlichen 85 PS versehen, ohne sich auch um die Radaufhängung zu kümmern. Hier empfiehlt sich ein Satz modifizierter Federn und Querstabilisatoren, zusammen mit einem Satz 17- oder 18-Zoll-Räder mit breiteren Reifen.

Das nächste Projekt bei Dr. Boltz war ein New Beetle mit einer VR6-Maschine, den Bo Bertillson, regelmäßiger Autor des kalifornischen *VolksWorld Magazine*, als einer der ersten testfahren konnte. Das VR6-Aggregat sitzt so paßgenau, daß es aussieht, als wäre es im Werk installiert worden. Die Maschine wurde »aufgebohrt« und besitzt nun optimierte Ansaug- und Auslaßwege, die die Leistungsabgabe von 178 PS auf 200 PS steigern sollen. Der VR6 hat noch viel mehr Power im unteren Drehzahlbereich als der Turbo-Kit.

Ein kompletter VR6-Umbau inklusive Radaufhängung, Karosseriestyling und der hinreißenden 17-Zoll-Räder kostet bei Dr. Boltz ungefähr $60000. Dieser Preis gilt selbstverständlich für ein »schlüsselfertiges« Auto, beinhaltet also auch die Kosten für das Originalfahrzeug. Es geht das Ge-

Ross Palmer's Team fuhr als erstes den New Beetle in einem Rennen.

Kristen Shorts stark modifizierter New Beetle – wahrlich 1 FETTER KÄFER!

rücht, daß das Wolfsburger Design-Team sich einen hübschen, weißen VR6-New Beetle von Dr. Boltz besorgt hat, um ihn zu untersuchen und zu testen … Der New Beetle sorgt nicht nur in modifizierter Form für Aufregung, er wird schon früh zu einem Kult-Auto. Die Organisatoren von VW-Events richten bereits eigene Klassen für die New-Beetle-Besitzer ein, die ihre umgebauten Wagen anderen Enthusiasten vorstellen möchten.

Am 12. Februar 1998 verlautete von VW: »Im Hinblick auf die verkauften Einheiten wird der New Beetle, verglichen mit seinem Vorgänger, immer ein Nischenfahrzeug bleiben – aber diese Nische hat er ganz für sich allein.«

7

Der Euro-Beetle

Am 2. November 1998 wurde der New Beetle auch in Europa der Motorpresse im Rahmen der ersten von fünf Tagesveranstaltungen vorgestellt. Die Einladung war auf jeweils einige wenige Journalisten aus jedem Land beschränkt und sollte von Anfang an ein ganz besonderes Ereignis werden.

Volkswagen charterte ein Flugzeug, um die Journalisten nach Hannover zu fliegen, wo eine Flotte aus 20 luxuriös ausgestatteten VW-Bussen wartete, um sie ins eine Autostunde entfernte Werk in Wolfsburg zu chauffieren. Dort erwartete sie ein typisch deutsches Buffet in der Vorstandskantine. Nach dem Mittagessen erhielt jeder Teilnehmer einen hinreißenden New-Beetle-Kaffeebecher. Anschließend führte man die Teilnehmer zu den Testfahrzeugen.

Das Motiv der europäischen Markteinführung war allgegenwärtig: eine weiße Margerite mit gelber Mitte und dem Schriftzug »New Beetle Pressepräsentation«. VW verwendete das Logo auf Flyern, Straßenkarten, Taschen, Notizpapier, Aufklebern, Schirmen, Mützen und Hemden. Die Firma hatte das Logo sogar auf Getränkedosen drucken lassen.

Nach der Anmeldung verteilten VW-Mitarbeiter eine »Roadbook« genannte Mappe an die Teilnehmer, die Richtungshinweise, eine Straßenkarte, einen Notizblock, einen Stift und ein Datenblatt für den Wagen enthielt. Dann geleiteten sie sie zu je einem von 50 New Beetles, die auf dem Hubschrauberlandeplatz des Werks geparkt waren. Allerdings unterschieden sich diese New Beetles ein wenig von dem, was die Journalisten gewohnt waren. Es handelte sich nämlich um die europäischen Modelle, und dies war die erste – und einzige – offizielle Probefahrt für die Presse in Europa.

WOB CL 486

TAXI
VIERI
21
31
DEL PIER
10
WOB CL 486

21
ZIEGE
17
EDMUNDO
11
MORESCHI

Die Testroute erstreckte sich über 44 km und dauerte 45 Minuten.

Als europäische Modelle waren alle Wagen mit dem elektronischen Stabilitätsprogramm (ESP) ausgestattet, das ein unerwünschtes Unter- oder Übersteuern in kritischen Situationen wirkungsvoll unterdrückt. Über eine Ausstattung der amerikanischen '99er Modelle mit ESP war nichts zu erfahren. Auch wenn es noch nicht in die Testfahrzeuge eingebaut war, wurde endlich die Verfügbarkeit des Glasschiebe-/Ausstelldaches bekanntgegeben, zusammen mit Lederausstattung, Leichtmetallrädern und einem Heckgepäckträger.

Oben: Seine Kurven heben den New Beetle aus der Masse heraus.

Vorherige Seite: Ein New Beetle trifft in Europa ein.

Europäische Modifikationen

Die europäischen Modelle sind ausgestattet mit weißen Zusatzblinkern im Karosserieblech unter den Außenspiegeln und einer Nebelschlußleuchte anstelle eines der beiden Rückfahrscheinwerfer. Auch die Vertiefung im Heckstoßfänger wurde modifiziert, so daß die in Ländern wie Deutschland, Großbritannien und Frankreich üblichen längeren und schmaleren Kennzeichen Platz finden. Der Stoßfänger unterscheidet sich auch noch in einer anderen Hinsicht von seinem amerikanischen Gegenstück: Er besitzt keine roten Positionsleuchten in den seitlichen Rundungen. Zu den weiteren äußerlichen Veränderungen zählen andere Signets – das '98er US-Modell hat verchromte VW-Logos auf Heck und Motorklappe, während das '99er Euro-Modell ein Chromsignet mit weißem VW-Logo auf einem dunkelblauen Emaillehintergrund zeigt.

Ebenfalls neu beim Euro-Modell sind die Parkleuchten. Beim US-Modell sind Positionsleuchten und Blinker im Stoßfänger kombiniert, während das Euro-Modell nur Blinker aufweist. Die Scheinwerfer besitzen Parkleuchten, die sich aktivieren lassen, indem man den Schalter in die erste Position dreht. Die zweite Rastung schaltet auf Standlicht. Der Schalter kann um zwei weitere Stellungen herausgezogen werden, wodurch erst die Nebelscheinwerfer, dann die Nebelschlußleuchte eingeschaltet werden.

Nach einer Fahrt mit dem 2,0-Liter-Benziner war es eine Freude, sich an das Steuer des beeindruckenden 1,9-Liter TDI mit 90 PS setzen zu können. Er ist sehr leise für einen Diesel, und auch wenn die Leistung nicht gerade umwerfend ist, fühlt er sich im Verkehr doch sehr agil an. Es kursieren Gerüchte, daß VW die Maschine in Zukunft gegen einen kraftvolleren TDI, vielleicht mit 115 PS, austauschen will. Zurück zum 90-PS-Modell! Man muß eingestehen, daß es ein recht schmales Leistungsband besitzt. Das Drehmoment wirkt schon bei sehr niedrigen Drehzahlen und zeigt sich kraftvoller als beim Benziner, flacht aber schon sehr bald ab. Wird der TDI aber wirklich »getreten«, belohnt er den

Der 1,9 Liter-TDI mit 90 PS.

Fahrer mit akzeptabler Leistung. – Nach der Probefahrt ließ VW die Teilnehmer in zwei Hotels chauffieren, wo sie sich für die abendliche Präsentation im Wolfsburger Hauptquartier frisch machen konnten. Nachdem Gastgeber Dr. Klaus Kocks die Vetreter der Presse begrüßt hatte, eröffnete er den Abend mit einer kurzen Rede. Er sagte: »Der New Beetle ist nicht die Tochter des Käfers. Er ist die Schwester des neuen Golf. Der New Beetle versucht nicht, den Käfer-Mythos mit rückwärts gewandtem Blick fortzusetzen – der New Beetle zitiert vielmehr den Mythos. Nach der »Beetlemania« in Amerika kam der Begriff »Lifestyle« in Deutschland ins Gespräch. Wie unterscheidet sich »Lifestyle« vom deutschen

WOB CP 500

Linke Seite: Die neue Nummernschildvertiefung.

Links: Die Karosserieform schränkt die Kofferraumöffnung ein.

Wort »Lebensstil«? Hat es eine grundlegende Veränderung im Konsumentenverhalten und in den Kaufgewohnheiten gegeben? Autos waren schon immer Objekte von vielschichtigen Entscheidungsprozessen. Es war nie nur eine Frage des Nutzwerts oder des Status, sondern immer auch der Fahreigenschaften und der Ausstrahlung. Die Veränderungen liegen an anderer Stelle – es sind unsere Alltagsgewohnheiten und Strukturen, die sich verändern.

Wir bedienen uns ungeniert verschiedener Lebensstile. Wir leben in einer Welt, in der das Familienauto nicht mehr existiert. Es wurde verdrängt durch einen neuen Enthusiasmus für Autos. Es ist eine Welt, in der der neue Golf einige aufregende Schwestermodelle erhalten hat. Die berechtigte Frage, ob diese Schwestern nur kurzlebige Modeerscheinungen sind und wie lange sie sich halten werden, kann auf zwei Arten beantwortet werden. Schauen wir zunächst in die Welt der Haute Couture und des Prêt-à-porter. Der größte Teil der auf den Laufstegen von Paris und Mailand gezeigten Mode ist zu extravagant, um von der breiten Öffentlichkeit getragen zu werden, und deshalb hält sie sich auch nicht lange. Aber die Alltagsmode braucht die Haute Couture, um den Weg vorzugeben. Das gleiche gilt für die Modellstruktur der großen Automarken und für die Markenstruktur einer globalen Gruppe. Die zweite Antwort ist die direkte – die Möglichkeit, das eine zu tun, ohne mit dem anderen aufhören zu müssen; das ist es, was die Intelligenz der Plattformstrategie kennzeichnet.«

Nach Dr. Kocks sprachen Dr. Ferdinand Piëch, Dr. Martin Winterkorn und Berthold Krüger. Dr. Piëch sagte der Presse: »Es ist kein Zufall, daß wir den New Beetle hier in Wolfsburg der Presse vorstellen. Schließlich hat Volkswagen mit dem Käfer ein wichtiges Kapitel in der Geschichte des Automobils geschrieben. Ohne den Käfer als Grundlage hätte es wahrscheinlich keine Volkswagen AG gegeben, wie wir sie heute kennen. Und ich wage zu sagen, daß Ihr Beruf als Journalisten ohne Volkswagen manchmal nur halb so aufregend wäre.« Er fuhr fort: »Heute möchten wir die Geschichte fortschreiben und mit der Vorstellung des New Beetle ein neues und aufregendes Kapitel aufschlagen. Wie Sie wissen, präsentierte Volkswagen den Concept 1, eine in Kalifornien entwickelte Designstudie, auf der 1994er Detroit Motor Show. Damals waren wir von den positiven Reaktionen der Öffentlichkeit, der Händler, der Pressevertreter und der vielen Besucher mehr als angenehm überrascht. Diese Reaktionen und die Welle der Begeisterung ermutigte uns, den Wagen zur Serienreife zu entwickeln.

Wir haben diese Begeisterung erneut erlebt, als wir den New Beetle Anfang des Jahres in Nordamerika einführten. Und auch wenn seitdem schon einige Monate ins Land gegangen sind, erfüllt es uns immer noch mit der gleichen Freude, den New Beetle jetzt auch unseren Kunden in Europa anbieten zu können. Wir hoffen, daß sich die Zustimmung und die Emotionen, die Volkswagen in Amerika entgegengebracht wurden, auch in Europa ausbreiten. Diese Euphorie belegt die enorme Nachfrage. Wir haben bereits 200 000 Bestellungen für den New Beetle vorliegen. Als ersten Schritt zur Befriedigung dieser gewaltigen Nachfrage haben wir unsere Fertigungskapazität schon im Frühjahr 1998 von 450 auf 600 Wagen pro Tag ausgebaut.«

Europäisches Modell mit neuen Blinkern, Seitenblinkern und Signets.

Die nächste Generation

Dr. Piëch schien genauso begeistert zu sein wie alle anderen, als er erklärte, daß der New Beetle »mehr als eine Kopie seines berühmten Vorgängers sei: Der New Beetle ist integraler Bestandteil der neuen Generation von Volkswagen-Autos. Die Karosserie ist vollverzinkt. Fahrer-, Beifahrer- und Seitenairbags sowie Scheibenbremsen rundum sind Standard. Zusätzlich wird er in Europa mit ESP ausgestattet, was für höchste Fahrsicherheit sorgt. Wie Sie sehen, genießt die Sicherheit bei uns höchste Priorität, gemeinsam mit Design und technischen Erfordernissen. Darüber hinaus bietet der New Beetle eine Reihe schöner Details, die nicht jeder Kunde bei einem Auto dieser Art erwarten würde. Man erkennt diese Details nicht auf den ersten Blick, wenn man den Wagen auf der Straße oder auf dem Parkplatz sieht. Was aber macht diesen Wagen so begehrenswert? Die technischen Funktionen sind heute Standard. Nur indem wir sie mit unseren hohen Anforderungen an die Perfektion kombinieren, können wir die ästhetischen und emotionalen Wünsche unserer Kunden befriedigen.

Das einzigartige Design des New Beetle macht ihn liebenswert, originell und hinreißend. Die Emotionen, die beim ersten Blickkontakt mit dem Wagen auftreten, werden dank des Cockpits und der eleganten Designelemente durch sein Inneres bestätigt.«

Dr. Winterkorns Rede war mehr technisch ausgerichtet. Er teilte mit, daß die dreifache Bogenform des New Beetle die VW-Ingenieure vor eine sehr schwierige Aufgabe stellen würde. Er sagte: »Die Form folgt der Funktion! Beim New Beetle haben wir diese Regel auf den Kopf gestellt – Technologie und Funktionalität mußten sich dem Fahrzeugdesign bedingungslos unterordnen. Funktion folgt dem Design, aber ohne unsere hohen Standards im Hinblick auf Entwicklung, Sicherheit und Qualität zu kompromittieren. Für unsere Ingenieure begann eine Schlacht um jeden Millimeter, um die Verwendung neuer Materialien und um die Einführung neuer Fertigungsprozesse. Wie gesagt: Die Funktion mußte dem Design folgen. Ein Vergleich der Silhouette des Concept 1 – unserer ersten Designstudie – mit dem Golf und dem New Beetle zeigt Ihnen ganz deutlich, wo wir Veränderungen vornehmen mußten. Einige Modifikationen betrafen die Plattformkomponenten: so zum Beispiel die Längsträger und die Radhäuser. Die Entscheidung für diese umfangreicheren Modifikationen bedeutet nicht, daß wir unsere Plattformstrategie aus den Augen verloren hätten. Bei der A4-Plattform zu bleiben war eine entscheidende Bedingung für die Produktion des New Beetle, besonders im Hinblick auf die Produktionskosten. Was hat sich nun im einzelnen geändert? Nehmen wir die Stoßfänger. Sie sind integraler Bestandteil der Karosserie und gehen nahtlos in die Kotflügel über. Die Stoßfänger selbst werden durch kleine Stöße nicht beeinträchtigt, sind aber im Fall einer stärkeren Beschädigung kostengünstig auszutauschen, was eine niedrigere Ver-

sicherungsklasse für den New Beetle bedeutet. Offensichtliche Veränderungen wurden auch im Motorraum vorgenommen. Hier mußte nahezu jedes Teil modifiziert werden – beispielsweise die Batterie. Teile der Belüftungsschläuche wurden an ungewöhnliche Positionen verlegt.

Unsere Ingenieure haben nicht nur geniale Designlösungen *unter* der Blechhaut zuwege gebracht, sondern auch *darüber*. So beherbergt der Fuß des Außenspiegels gleichzeitig auch das obere Türscharnier. Trotz der geschwungenen Form des New Beetle war es möglich, die Scharniere senkrecht untereinander anzuordnen. Bei den ersten Prototypen waren sie noch versetzt angebracht. Dadurch neigten die Türen dazu, von selbst ins Schloß zu fallen; sie waren sehr schwer zu öffnen. Unsere ersten Designingenieure bekamen dies schmerzhaft zu spüren, wenn sie von der Tür an der Hüfte getroffen wurden oder sich das über die Schwelle hängende Bein einklemmten. Unter diesen Bedingungen brauchten sie nicht lange für die Lösung, das obere Scharnier unterhalb des Spiegelfußes anzubringen – das alte Design war einfach zu schmerzhaft!

Oben: Der phantastisch aussehende Scheinwerfer schließt bündig ab.

Rechts: Neue Signets für 1999.

Die Karosserie des New Beetle wird unter Verwendung all der modernen Techniken gefertigt, die man heute erwarten kann, wie zum Beispiel Laserschweißen und -löten oder auch Klebeverbindungen. Dank der Vollverzinkung und einer fünfschichtigen Lackierung können wir eine fünfjährige Garantie gegen Durchrostung bieten. Selbstverständlich geben wir auch auf die Kunststoffkotflügel eine lebenslange Garantie gegen Durchrosten!

Wenden wir uns nun dem Fahrkomfort und der Fahrdynamik zu. Die hohe Verwindungssteifigkeit des New Beetle verhindert störende Klapper- und Quietschgeräusche. Dieser Fortschritt zeigt sich auch an der Au-

0
20
40
60
km/h
1/2
TREB
FAD
BASS

ßenhaut des Fahrzeugs, wo die engen Spaltmaße die hohen Qualitätsstandards von Volkswagen belegen.

Besondere Aufmerksamkeit haben wir dem Design der Kotflügel gewidmet. Sie bestehen aus Noryl, einem hochwertigen Kunststoff. In der Zukunft wird dieser Kunststoff zweifellos eine breite Verwendung finden, da er die fugenlosen Verbindungen der Kotflügel ermöglicht. Der Stoßfänger mit seiner Auspolsterung und der Kotflügel selbst tragen zum wichtigen Schutz der Fußgänger bei. Es besteht kein Zweifel daran, daß der New Beetle die hohen vom Gesetzgeber geforderten Sicherheitsstandards noch übertrifft.

Ein amerikanisches Testinstitut hat früher im Jahr seine Ergebnisse veröffentlicht. Unser New Beetle wurde als »Klassenbester« beim versetzten Aufprall mit 64 km/h gekürt. Er konnte auch im »Stoßstangentest« mit 8 km/h überzeugen und erhielt mit seinen Reparaturkosten von nur $134 ebenfalls die Auszeichnung als »Klassenbester«. Alles, was unsere Designer so erfolgreich entworfen und unsere Ingenieure in Datenmodelle und Bauteile umgesetzt hatten, wurde von unseren Testingenieuren auf über 4 Millionen Kilometern getestet; auf Werkbänken, in Laboratorien, auf Wüstenpisten und auf Straßen jenseits des Polarkreises. Trotz all dieser Prüfungen hat sich der New Beetle sein »lächelndes Gesicht«, seinen Charme und seine positive Ausstrahlung bewahrt.«

Dieses Lächeln und der Charme tragen viel zur Erklärung des Umstands bei, daß VWOA bis Ende Oktober 1998 schon 42 000 New Beetle ausgeliefert hat. Für das

Es wurde auf jedes Detail geachtet.

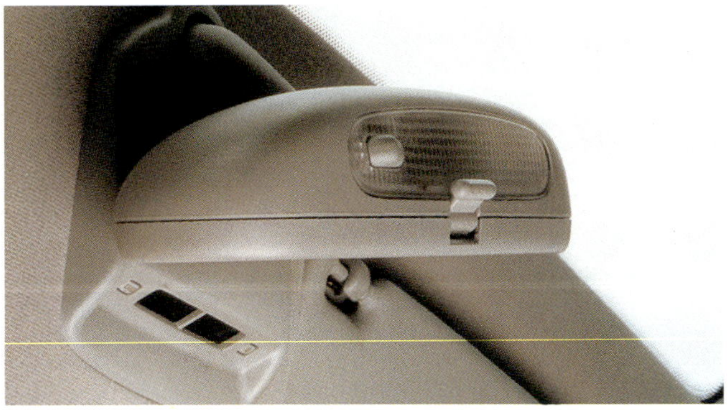

Jahr 1999 erwartet VW in den USA 40 000 Verkäufe. Die Firmenstrategie ist nicht nur aufgegangen, sie hat alle Erwartungen übertroffen. Dieser Wagen hat buchstäblich eine ganze Nation verrückt gemacht. Er zeigt, daß die Menschen, wie Berthold Krüger es ausdrückt, »beim Autokauf nicht nur ihren Kopf benutzen – sie hören auch auf ihr Herz«.

Auf dem Weg ins nächste Jahrtausend

Das '99er Modell bietet Neuerungen in der Innenausstattung, einschließlich einer neuen Bezugskombination, die zusammen mit den neuen Lackfarben Lemongelb und Cameoblue verfügbar sein wird. Der Dachhimmel wurde so verändert, daß er ein Ablagefach über dem Innenspiegel aufnehmen kann. VW hat auch eine andere Anordnung der Innenraumbeleuchtung und der Leseleuchten vorgenommen. Zu den neuen Spezifikationen zählt auch ein neuer Fuß für den Innenspiegel, der nun auch eine Außentemperaturanzeige enthält.

Neue Details – Innenspiegel mit Ablagefach, Polsterung und Innenraumbeleuchtung.

Wir bemerkten auch eine neue umklappbare Armlehne zwischen den Vordersitzen, die Teil der erweiterten Spezifikation für die GLS-Ausstattung sein soll. Der GLS wartet mit elektrischen Fensterhebern mit Einklemmschutz und einer komfortablen Schließeinrichtung auf, die mit der Zentralverriegelung gekoppelt ist, während das GL Modell eine manuelle Fensterbedienung bietet. Der GLS kann mit einem Komfortpaket bestellt werden, das ein Lederlenkrad und Ledersitzbezüge beinhaltet, und man bekommt darüber hinaus eine Sitzheizung für die Vordersitze sowie beheizbare Scheibenwischer! Der Schaltknüppel und der Handbremshebel sind ebenfalls lederummantelt. Ein Tempomat ist optional und nur für den GLS erhältlich, wie auch das Glasschiebe-/Ausstelldach mit Sonnenschutzjalousie und Vorwählautomatik.

Optional ist bei beiden neuen Modellen die Automatikschaltung. Es handelt sich um eine computergesteuerte, lernfähige 4-Gang-Automatik mit verbesserter Effizienz. Seltsamerweise scheint

der Haltegriff für den Beifahrer über dem Handschuhfach nicht zur Standardausstattung des GLS zu zählen. Im GL ist er eingebaut, beim GLS allerdings gehört er zur Sonderausstattung.

Volkswagen of America kündigte am 6. Dezember an, daß 1999 der neue, 150 PS starke, turbogeladene Motor mit 1,8 Litern und 20 Ventilen auf den amerikanischen Markt kommen werde, der auch den Passat und den Audi A4 antreibt. Dieses Modell besitzt neben anderen Ausstattungsmerkmalen einen geschwindigkeitsgesteuerten Heckspoiler, beheizbare Ledersitze und einen Tempomat.

Bis zur Einführung das geplanten New Beetle RSi wird dieses Modell die Rolle des »New Beetle-Flaggschiffs« übernehmen.

Die phantastischen Linien eines einzigartigen Autos.

8

Fahrzeugdaten

Concept 1

Abmessungen

Länge	3824 mm
Breite	1636 mm
Höhe	1500 mm
Radstand	2525 mm
Leergewicht	907 kg
Spurweite vorn und hinten	1488 mm
Überhang vorne	664 mm
Überhang hinten	636 mm
Bodenfreiheit vorne	178 mm
Bodenfreiheit hinten	241 mm

Antrieb/Motor

TDI-Version:

Bauart	Vierzylinder-Diesel mit Direkteinspritzung
Hubraum	1900 ccm
Maximale Leistung	66 kW
Maximales Drehmoment	202 Nm
Getriebe	5-Gang-Ecomatic
Höchstgeschwindigkeit	180 km/h
Verbrauch	5,1 l/100 km
Beschleunigung	von 0 auf 100 km/h in 12,8 Sekunden

Elektroantrieb:

AC Induction

Maximale Leistung	37 kW
Maximales Drehmoment	130 Nm
Getriebe	2-Gang Automatik
Batterieart	Na/NiCl
Batteriegewicht	260 kg
Gespeicherte Energie	22 kWh
Nennleistung	90 Ah
Betriebsspannung	248 V
Höchstgeschwindigkeit	125 km/h
Reichweite (Stadt)	250 km

Hybrid-Version mit TDI-Motor/Elektrischem Antrieb:

Bauart	Dreizylinder-Diesel mit Direkteinspritzung/Wechselstrominduktion
Hubraum TDI	1400 ccm
Maximale Leistung	50 kW
Maximales Drehmoment	140 Nm
Getriebe	5-Gang-Halbautomatik
Maximale Leistung Wechselstromaggregat	18 kW
Batterieart	Ni/MeH
Batteriegewicht	180 kg
Gespeicherte Energie	10 kWh
Nennleistung	55 Ah
Ruhespannung	180 V
Höchstgeschwindigkeit TDI	165 km/h
Höchstgeschwindigkeit Wechselstromaggregat	105 km/h

New Beetle

Karosserie, Chassis und Radaufhängung.

Bauart	Selbsttragende Konstruktion, angeschraubte Kotflügel
Radaufhängung vorne	Einzelradaufhängung, McPherson-Federbeine, Teleskopstoßdämpfer, Schraubenfedern, Stabilisator
Radaufhängung hinten	Koppel-Lenkerachse, Längslenker, Teleskopstoßdämpfer, Schraubenfedern, Stabilisator
Bremsen	rundum Scheibenbremsen mit Bremskraftverstärkung (Ø 280 mm vorne, Ø 232 mm hinten), vorne innenbelüftet, elektronische Bremskraftverteilung (EBV)
Anti-Blockier-System (ABS)	serienmäßig, alle vier Räder
Handbremse	mechanisch, wirkt auf die Hinterräder
Räder	Stahlräder 6 1/2 Jx16 mit Radvollblenden
Reifen	205/55 R16, Allwetterreifen
Luftwiderstandsbeiwert (Cw)	0,38

Abmessungen

Radstand (mm)	2525
Spurweite vorne und hinten (mm)	1488
Länge über alles (mm)	3824
Breite über alles (mm)	1636
Höhe über alles (mm)	1500
Bodenfreiheit vorne (mm)	178
Bodenfreiheit hinten (mm)	241

Getriebe	5-Gang-Schaltungsmanual	4-Gang-Automatik
Leergewicht (kg)	1228	1260
Zulässiges Gesamtgewicht (kg)	1650	1682

Treibstoffverbrauch (l)

Getriebe	5-Gang-Schaltung		4-Gang-Automatik**	
Treibstoff	Benzin	Diesel	Benzin	Diesel
städtisch*	11,8	6,8	10,7	6,9
außerstädtisch*	6,9	4,3	8,7	5,35

** kann abweichen; **U.S.-Werte, keine deutsche Messung.*

Motor

Motor	Benzin	Diesel
Bauart	2,0 l, 4 Zylinder, Reihe	1,9 l, 4 Zyl., Reihe
Bohrung (mm)	82,5	79,5
Hub (mm)	92,8	95,5
Hubraum (ccm)	1984	1896
Verdichtung	10,5:1	19,5:1
Max. Leistung (kW/PS) bei U/min	85 (115)/5200	66 (90)/3750
Max. Drehmoment, (Nm) bei U/min	170/2400	210/1900
Kraftstoff	Normal bleifrei	Diesel

Motoraufbau

Einbaulage	vorne quer
Zylinderblock	Gußeisen
Kurbelwelle	Gußeisen, 5 Hauptlager
Zylinderkopf	Aluminium, Querstrom
Ventiltrieb	Zahnriemenantrieb, 2 Ventile pro Zylinder, Hydrostößel
Kühlsystem	Wasserkühlung, Wasserpumpe, Querstromradiator, thermostatgesteuerter 2-Gang-Kühlerventilator
Schmierung	Umlaufpumpe, Kettenantrieb, Ölkühler

Gemischaufbereitung	Multipoint-Einspritzung (Motronic)
Emissions-System	OBD II, 3-Wege-Katalysator, Lambda-Regelung

Übersetzungen

5-Gang-Schaltung	Benzin	Diesel
1. Gang	3,78:1	3,78:1
2. Gang	2,12:1	2,12:1
3. Gang	1,36:1	1,36:1
4. Gang	1,03:1	0,97:1
5. Gang	0,84:1	0,76:1
R-Gang	3,06:1	3,6:1
Achsübersetzung	4,24:1	3,39:1

4-Gang-Automatik	Benzin	Diesel
1. Gang	2,74:1	2,71:1
2. Gang	1,55:1	1,44:1
3. Gang	1,00:1	1,44:1
4. Gang	0,68:1	0,74:1
R-Gang	2,11:1	2,88:1
Achsübersetzung	4,88:1	3,63:1

Elektrik

Generator, V / Ah)	14 / 90
Batterie, V (Amp)	12 (60)
Zündung	elektronisch ohne Verteiler, Klopfsensor
Zündfolge	1-3-4-2

Füllmengen

Motoröl (l)	4,0	4,5
Kraftstoffbehälter (l)	55,0	55,0
Kühlmittel (l)	5,3	5,0

Lenkung

Bauart	servounterstützte Zahnstangenlenkung
Umdrehungen	3,2
Wendekreis (m)	10,9
Lenkübersetzung	17,8: 1

Innenraumabmessungen

Zahl der Sitzplätze	4
Kopfraum vorne (mm)	1050
Kopfraum hinten (mm)	932
Ellenbogenbreite vorn (mm)	1397
Ellenbogenbreite hinten (mm)	1325
Beinraum hinten (mm)	838

Außenausstattung

- Stahlräder 6 1/2 Jx16 mit Radvollblenden und Reifen 205/55 R16
- Reserverad mit Fahrbereifung
- Grüne Wärmeschutzverglasung
- Zwei Türen
- Vollverzinkte Karosserie
- Stoßfänger, Außenspiegelgehäuse und Türgriffe in Wagenfarbe.
- Elektronisch verstärkende Dachantenne
- Halogen-Rundscheinwerfer
- Weiße seitliche Blinkleuchten

Innenausstattung

- Stoffsitzbezüge »Domino« (»Panama« bei Lackierung lemongelb)
- Vordersitze mit stufenloser Höheneinstellung und Einstiegshilfe »Easy Entry« für Fondpassagiere
- Komfortlenkrad
- Rahmenkopfstützen vorne
- Halteschlaufen
- Türablagen vorn mit Netztaschen
- Ablagetaschen an der Rückseite der Vordersitzlehnen
- Zwei Becherhalter und ein Aschenbecher vorne
- Beleuchtetes Handschuhfach mit abschließbarer Klappe auf der Beifahrerseite
- Blumenvase
- Brillenfach auf der Fahrerseite
- Türablagenetze
- Ablagefach im Dachhimmel vorne
- Mittelkonsole mit Zigarettenanzünder und Fondaschenbecher
- Umklappbare Rücksitzbank und -lehne mit 2 Rahmenkopfstützen
- Teppichboden in velouriertem Vlies
- Textilfußmatten vorn und hinten
- Gepäckraumabdeckung
- Gepäckraumbodenbelag in Nadelvlies

Sicherheitsausstattung

- »Full-size«-Airbag für Fahrer und Beifahrer
- Seitenairbag für Fahrer und Beifahrer
- Anti-Blockier-System (ABS)
- Elektronisches Stabilitätsprogramm (ESP)
- Gepolsterte Armaturentafel
- Dreispeichenlenkrad

- Elektrisch einstell- und beheizbare Außenspiegel ohne »toten Winkel« auf der Fahrerseite (asphärisch)
- Dritte Bremsleuchte
- Höhen- und längseinstellbare Lenksäule
- Höheneinstellbare Dreipunkt-Automatik-Sicherheitsgurte vorn mit Gurtstraffer
- Zwei Dreipunkt-Automatik-Sicherheitsgurte hinten
- Vorrichtung zur Befestigung von zwei Kindersitzen auf der Rücksitzbank nach Isofix-Norm
- Je zwei Rahmenkopfstützen vorn und hinten
- Innenbelüftete Scheibenbremsen vorne
- Scheibenbremsen hinten
- Elektronische Wegfahrsperre

Funktionsausstattung

- Motorraumklappe mit Gasdruckfeder
- Zentralverriegelung mit Zentralschließung von innen (Lock-Unlock)
- Servolenkung
- Hauptschlüssel mit Leuchte
- Einstiegs-/Warnleuchten in den Türen
- Instrumenteneinsatz mit elektronischem Tachometer, Kilometerzähler, Tageskilometerzähler, Drehzahlmesser, Kraftstoffvorratsanzeige, Temperaturanzeige für Kühlflüssigkeit, Kontrolleuchten, Service-Intervallanzeige
- Digitaluhr und Außentemperaturanzeige in der Innenspiegelkonsole
- Blaue, regelbare Instrumentenbeleuchtung und rote Schalterbeleuchtung
- Heiz- und Frischluftanlage mit Staub- und Pollenfilter, Aktivkohlefilter, vierstufigem Gebläse, Umluftschaltung, Fußraumausströmern vorn und hinten, vier einstellbaren Ausströmern und Defrosterdüsen für die Windschutzscheibe und die Seitenscheiben.
- Beleuchteter Make-up-Spiegel in der Fahrer- und Beifahrersonnenblende
- Innenbeleuchtung mit Abschaltverzögerung
- Zwei Leseleuchten hinten
- Gepäckraumbeleuchtung
- Scheibenwischer vorn mit vierstufiger Intervallschaltung

- Leuchtweitenregulierung
- Parklichtschaltung
- Warnsummer für nicht ausgeschaltetes Licht
- Radioanlage »gamma« mit sechs Lautsprechern
- CD-Wechsler-Vorbereitung
- Gepäckraum- und Tankklappe mit Fernentriegelung
- Halterung für Verbandskasten und Warndreieck
- 12-V-Steckdose in der Mittelkonsole und im Gepäckraum

Sonderausstattungen

Außenausstattung

- Vier Leichtmetallräder »Monte Carlo« 6 1/2 J x 16 mit Reifen 205/55 R 16 und Radsicherungen, Reserverad mit Fahrbereifung als Stahlrad
- Stahlräder 6 J x 15 mit Radvollblenden und Reifen 195/65 R 15 (für die Benutzung von Schneeketten)
- Ganzjahresreifen 195/65 R auf Stahlrädern 6 J x 15 mit Radvollblenden

Innenausstattung

- Stoffsitzbezüge »Panama« (nur in Verbindung mit den Außenfarben »Lemongelb« und »Cameoblue«)
- Lederinnenausstattung: Sitzmittelbahn und -wangen, Kopfstützenvorderteil in Leder; Lenkradkranz, Schalthebelknauf und -manschette sowie Handbremshebelgriff in Leder, beheizbare Vordersitze

Funktionsausstattung

- Elektrisches Glasschiebe-/Ausstelldach mit Vorwählautomatik und Jalousie (ohne Ablagefach im Dachhimmel)
- Komfortpaket: Elektrische Fensterheber vorn mit Komfortschließung und Einklemmschutz, Funkfernbedienung für die Zentralverriegelung mit zwei Funk-Klappschlüsseln ohne Leuchte, Mittelarmlehne vorn
- Technikpaket: Funkfernbedienung für die Zentralverriegelung mit zwei Funk-Klappschlüsseln ohne Leuchte, Diebstahlalarmanlage mit Innenraumüberwachung
- Winterpaket: Beheizbare Scheibenwaschdüsen, Beheizbare Vordersitze, Nebelscheinwerfer
- Klimaanlage
- Geschwindigkeitsregelanlage (Tempomat)
- CD-Wechsler

Lackierungen

Uni Metallic . . . . Perleffekt

Schwarz uni . . . . Cybergreen metallic . . . . Batikblau Perleffekt

Cool-white . . . . Silver arrow metallic . . . . Canyonred Perleffekt

Yellow . . . . Technoblau Perleffekt

Rot uni

Lemongelb

Cameoblue

Herstellergarantie

Gewährleistung 1 Jahr ohne Kilometerbegrenzung, 3 Jahre auf den Lack, 12 Jahre gegen Karosseriedurchrostung, Mobilitätsgarantie

Kontaktadressen

New Beetle Club (Deutschland)
Hans-Ludwig Walther
Alte Bahnhofstraße 22
D-36381 Schlüchtern
E-mail: newbeetle.club@t-online.de
http://home.t-online.de/ home/
newbeetle.club/

New Beetle Club (USA)
Randy Carlson
316 South Orange Avenue
Brea California
92821

Volkswagen AG Zentrale
Berliner Ring 2
38440 Wolfsburg

Volkswagen Web Site
http://www.vw.de/

New Beetle Web Site
http://www.beetle.de/

Register